수학의 기본은 계산력, 정확성과 계산 속도를 높히는

《계산의 신》 시리즈

중도에 포기하는 학생은 있어도
끝까지 풀었을 때 신의 경지에 오르지 않는 학생은 없습니다!

꼭 있어야 할 교재, 최고의 교재를 만드는 '꿈을담는틀'에서
신개념 초등 계산력 교재 《계산의 신》을 한층 업그레이드 했습니다.

초등 수학은 마구잡이 공부보다 체계적 학습이 중요합니다.
KAIST 출신 수학 선생님들이 집필한 특별한 교재로
하루 10분씩 꾸준히 공부해 보세요.
어느 순간 계산의 신(神)의 경지에 올라 있을 것입니다.

부모님이 자녀에게, 선생님이 제자에게
이 교재를 선물해 주세요.

__________가 __________에게

왜? 계산력 교재는 <계산의 신>이 가장 좋은가?

1

요즘엔 초등 계산법 책이 너무 많아서
어떤 책을 골라야 할지 모르겠어요!

기존의 계산력 문제집은 대부분 저자가 '연구회 공동 집필'로 표기되어 있습니다. 반면 꿈을담는틀의 《계산의 신》은 KAIST 출신의 수학 선생님이 공동 저자로, 아이들을 직접 가르쳤던 경험을 담아 만든 '엄마, 아빠표 문제집'입니다. 수학 교육 분야의 뛰어난 전문성과 교육 경험을 두루 갖추고 있어 믿을 수 있습니다.

2

영어는 해외 연수를 가면 된다지만,
수학 공부는 대체 어떻게 해야 하죠?

영어 실력을 키우려고 해외 연수 다니는 것을 본 게 어제오늘 일이 아니죠? 반면 수학은 어떨까요? 수학에는 왕도가 없어요. 가장 중요한 건 매일 조금씩 꾸준히 연마하는 것뿐입니다. 《계산의 신》에 나오는 A와 B, 두 가지 유형의 문제를 풀면서 자연스럽게 수학의 기초를 닦아 보세요. 초등 계산법 완성을 향한 즐거운 도전을 시작할 수 있습니다.

3 아이들이 스스로 공부할 수 있는 교재인가요?

《계산의 신》은 아이들이 스스로 생각하고 계산할 수 있도록 구성되어 있습니다. 핵심 포인트를 보며 유형을 파악하고, 문제를 푼 후에 스스로 자신의 풀이를 평가할 수 있습니다. 부담 없는 분량, 친절한 설명과 예시, 두 가지 유형 반복 학습과 실력 진단 평가는 아이들이 교사나 부모님에게 기대지 않고, 스스로 학습하는 힘을 길러 줄 것입니다.

이해하고 풀고
복습하고!
혼자서도 잘해요!

4 정확하게 푸는 게 중요한가요, 빠르게 푸는 게 중요한가요?

물론 속도를 무시할 순 없습니다. 그러나 그에 앞서 선행되어야 하는 것이 바로 '정확성'입니다. 《계산의 신》은 예시와 함께 해당 연산의 핵심 포인트를 짚어 주며 문제를 정확하게 이해할 수 있도록 도와줍니다. '스스로 학습 관리표'는 문제 풀이 속도를 높이는 데에 동기부여가 될 것입니다. 《계산의 신》과 함께 정확성과 속도, 두 마리 토끼를 모두 잡아 보세요.

정확하게
이해하는 게 우선!
50
100

5 학교 성적에 도움이 될까요? 수학 교과서와 친해질 수 있나요?

재미와 속도, 정확성 모두 중요하지만 무엇보다 '학교 성적'에 얼마나 도움이 되느냐가 가장 중요하겠지요? 《계산의 신》은 최신 교육 과정을 100% 반영한 단계별 학습으로 구성되어 있습니다. 따라서 《계산의 신》을 꾸준히 학습하면 자연스럽게 '수학 교과서'와 친해져 학교 성적이 올라갈 것입니다.

6 문제를 다 풀어 놓고도 아이가 자꾸 기억이 안 난다고 해요.

《계산의 신》에는 두 가지 유형 반복 학습 외에도 세 단계마다 자신이 푼 문제를 복습하는 '세 단계 묶어 풀기'가 있고, 마지막에는 교재 전체 내용을 한 번 더 복습할 수 있는 '전체 묶어 풀기'가 있습니다. 풀었던 문제들을 다시 묶어서 풀며, 예전에 학습했던 계산 문제들을 완전히 자신의 것으로 만들 수 있습니다.

KAIST 출신 수학 선생님들이 집필한

계산의 신 神

송명진·박종하 지음

3 초등 2학년 1학기

자연수의 덧셈과 뺄셈 발전

권별 학습 구성

초등1	1권 | 자연수의 덧셈과 뺄셈 기본 (1)
001단계	수를 가르고 모으기
002단계	합이 9까지인 덧셈
003단계	차가 9까지인 뺄셈
	세 단계 묶어 풀기
	재미있는 수학이야기
004단계	덧셈과 뺄셈
005단계	10을 가르고 모으기
006단계	10의 덧셈과 뺄셈
	세 단계 묶어 풀기
	창의력 쑥쑥! 수학퀴즈
007단계	연이은 덧셈, 뺄셈
008단계	19까지의 수 모으고 가르기
009단계	(몇십)+(몇), (몇)+(몇십)
	세 단계 묶어 풀기
	창의력 쑥쑥! 수학퀴즈
010단계	(몇십 몇)±(몇)
	전체 묶어 풀기
	창의력 쑥쑥! 수학퀴즈

초등1	2권 | 자연수의 덧셈과 뺄셈 기본 (2)
011단계	(몇십)±(몇십)
012단계	(몇십 몇)+(몇십 몇)
013단계	(몇십 몇)−(몇십 몇)
	세 단계 묶어 풀기
	창의력 쑥쑥! 수학퀴즈
014단계	받아올림/받아내림이 없는 덧셈과 뺄셈 종합
015단계	세 수의 덧셈과 뺄셈
016단계	연이은 덧셈, 뺄셈
	세 단계 묶어 풀기
	창의력 쑥쑥! 수학퀴즈
017단계	받아올림이 있는 (몇)+(몇)
018단계	받아내림이 있는 (십몇)−(몇)
019단계	받아올림/받아내림이 있는 덧셈과 뺄셈 종합
	세 단계 묶어 풀기
	창의력 쑥쑥! 수학퀴즈
020단계	계산의 활용-규칙찾기
	전체 묶어 풀기
	재미있는 수학이야기

초등2	3권 | 자연수의 덧셈과 뺄셈 발전
021단계	(두 자리 수)+(한 자리 수)
022단계	(두 자리 수)+(두 자리 수) (1)
023단계	(두 자리 수)+(두 자리 수) (2)
	세 단계 묶어 풀기
	창의력 쑥쑥! 수학퀴즈
024단계	(두 자리 수)−(한 자리 수)
025단계	(몇십)−(두 자리 수)
026단계	(두 자리 수)−(두 자리 수)
	세 단계 묶어 풀기
	창의력 쑥쑥! 수학퀴즈
027단계	두 자리 수의 덧셈과 뺄셈 종합
028단계	덧셈, 뺄셈의 여러 가지 방법
029단계	덧셈과 뺄셈의 관계
	세 단계 묶어 풀기
	창의력 쑥쑥! 수학퀴즈
030단계	세 수의 혼합 계산
	전체 묶어 풀기
	창의력 쑥쑥! 수학퀴즈

초등2	4권 | 네 자리 수/ 곱셈구구
031단계	네 자리 수
032단계	각 자리의 숫자가 나타내는 값
033단계	뛰어 세기
	세 단계 묶어 풀기
	창의력 쑥쑥! 수학퀴즈
034단계	같은 수 여러 번 더하기
035단계	2, 5, 3, 4의 단 곱셈구구
036단계	6, 7, 8, 9의 단 곱셈구구 (1)
	세 단계 묶어 풀기
	창의력 쑥쑥! 수학퀴즈
037단계	6, 7, 8, 9의 단 곱셈구구 (2)
038단계	곱셈구구 종합 (1)
039단계	곱셈구구 종합 (2)
	세 단계 묶어 풀기
	창의력 쑥쑥! 수학퀴즈
040단계	계산의 활용-길이의 합과 차
	전체 묶어 풀기
	재미있는 수학이야기

초등3	5권 | 자연수의 덧셈과 뺄셈 / 곱셈과 나눗셈
041단계	(세 자리 수)+(세 자리 수) (1)
042단계	(세 자리 수)+(세 자리 수) (2)
043단계	(세 자리 수)−(세 자리 수) (1)
	세 단계 묶어 풀기
	재미있는 수학이야기
044단계	(세 자리 수)−(세 자리 수) (2)
045단계	나눗셈 기초
046단계	곱셈구구 범위에서의 나눗셈
	세 단계 묶어 풀기
	재미있는 수학이야기
047단계	(두 자리 수)×(한 자리 수) (1)
048단계	(두 자리 수)×(한 자리 수) (2)
049단계	길이의 덧셈과 뺄셈
	세 단계 묶어 풀기
	재미있는 수학이야기
050단계	시간의 합과 차
	전체 묶어 풀기
	창의력 쑥쑥! 수학퀴즈

초등3	6권 | 자연수의 곱셈과 나눗셈 발전
051단계	(세 자리 수)×(한 자리 수) (1)
052단계	(세 자리 수)×(한 자리 수) (2)
053단계	(두 자리 수)×(두 자리 수) (1)
	세 단계 묶어 풀기
	창의력 쑥쑥! 수학퀴즈
054단계	(두 자리 수)×(두 자리 수) (2)
055단계	(몇십)÷(몇), (몇백 몇십)÷(몇)
056단계	(두 자리 수)÷(한 자리 수) (1)
	세 단계 묶어 풀기
	재미있는 수학이야기
057단계	(두 자리 수)÷(한 자리 수) (2)
058단계	(두 자리 수)÷(한 자리 수) (3)
059단계	(세 자리 수)÷(한 자리 수)
	세 단계 묶어 풀기
	재미있는 수학이야기
060단계	들이와 무게의 덧셈과 뺄셈
	전체 묶어 풀기
	창의력 쑥쑥! 수학퀴즈

계산의 신 활용 가이드

1 매일 자신의 **학습을 체크**해 보세요.

매일 문제를 풀면서 맞힌 개수를 적고, 걸린 시간 만큼 '스스로 학습 관리표'에 색칠해 보세요. 하루하루 지날수록 실력이 자라고, 계산 속도가 빨라지는 것을 눈으로 확인할 수 있습니다.

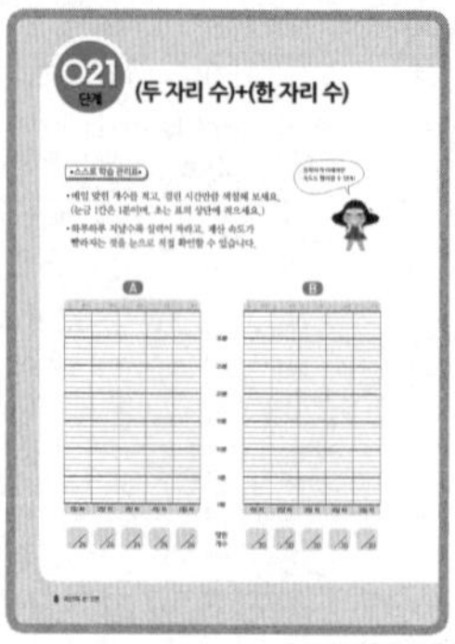

2 **개념과 연산 과정**을 이해하세요.

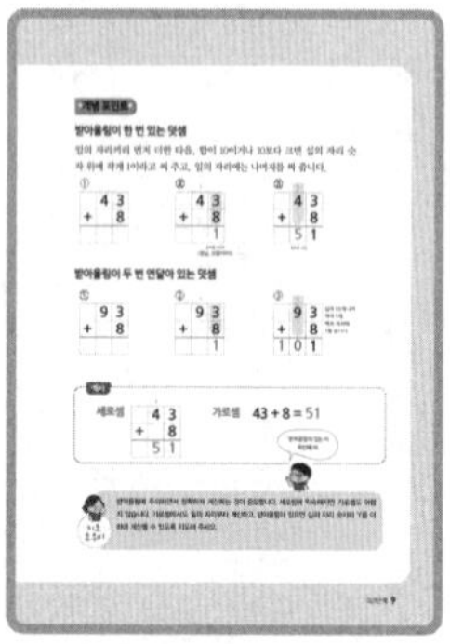

개념을 이해하고 예시를 통해 연산 과정을 확인하면 계산 과정에서 실수를 줄일 수 있어요. 또 아이의 학습을 도와주시는 선생님 또는 부모님을 위해 '지도 도우미'를 제시하였습니다.

3 매일 2쪽씩 **꾸준히 반복 학습**해 보세요.

매일 2쪽씩 5일 동안 차근차근 반복 학습하다 보면 어려운 문제도 두려움 없이 도전할 수 있습니다. 문제를 풀다가 계산 방법을 모를 때는 '개념 포인트'를 다시 한 번 학습한 후 풀어 보세요.

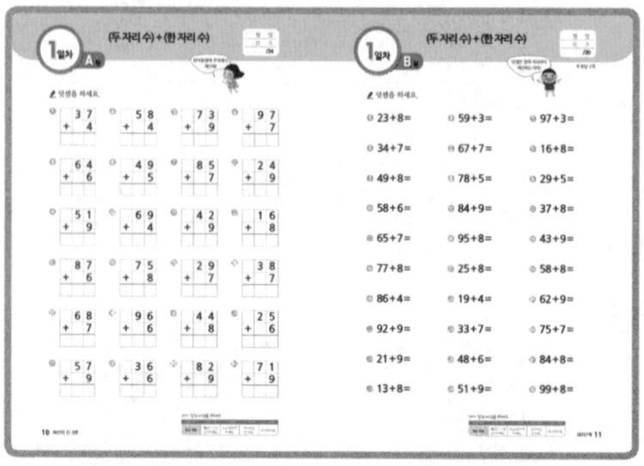

4 세 단계마다 또는 전체를 **묶어 복습**해 보세요.

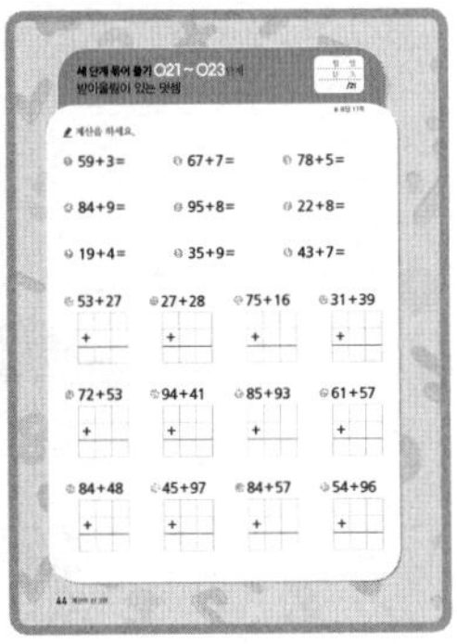

세 단계 묶어 풀기 021~023 받아올림이 있는 덧셈

계산을 하세요.

59+3= 67+7= 78+5=
84+9= 95+8= 22+8=
19+4= 35+9= 43+7=
53+27 27+28 75+16 31+39
72+53 94+41 85+93 61+57
84+48 45+97 84+57 54+96

시간이 지나면 아이들은 학습했던 내용을 곧잘 잊어버리는 경향이 있어요. 그래서 세 단계마다 '묶어 풀기', 마지막에는 '전체 묶어 풀기'를 통해 학습했던 내용을 다시 복습할 수 있습니다.

5 즐거운 **수학이야기**와 **수학퀴즈** 함께 해요!

묶어 풀기가 끝나면 '재미있는 수학이야기'와 '수학퀴즈'가 기다리고 있어요. 흥미로운 수학이야기와 수학퀴즈는 좌뇌와 우뇌를 고루 발달시켜 주고, 창의성을 키워 준답니다.

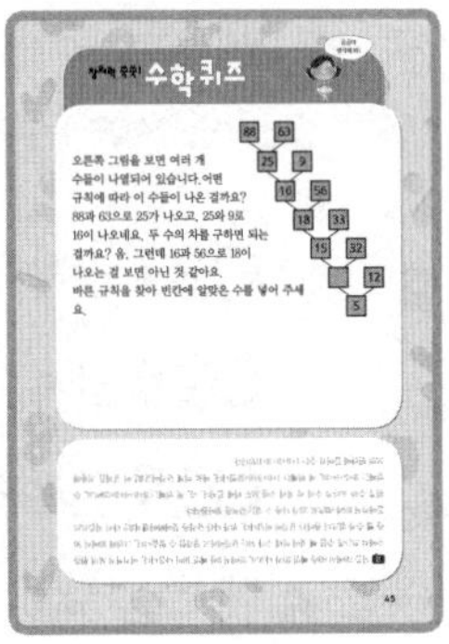

6 아이의 **학습 성취도**를 점검해 보세요.

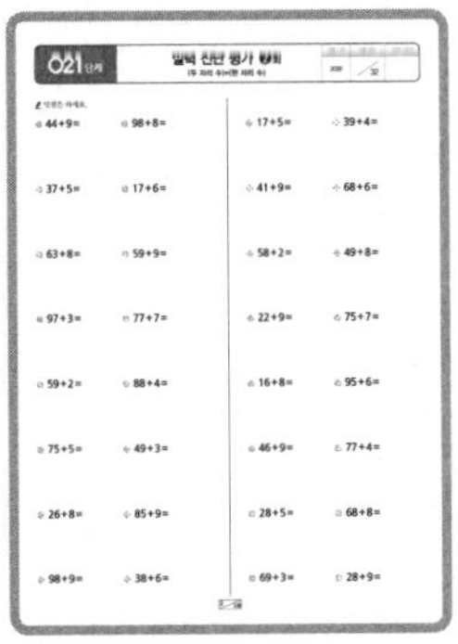

021단계 실력 진단 평가 1회

44+9= 98+8= 17+5= 39+4=
37+5= 17+6= 41+9= 68+6=
63+8= 59+9= 58+2= 49+8=
97+3= 77+7= 22+9= 75+7=
59+2= 88+4= 16+8= 95+6=
75+5= 49+3= 46+9= 77+4=
26+8= 85+9= 28+5= 68+8=
98+9= 38+6= 69+3= 28+9=

권두부록으로 제시된 '실력 진단 평가'로 아이의 학습 성취도를 점검할 수 있어요. 각 단계별로 2회씩 총 20회가 제공됩니다.

차례

3권

매일 2쪽씩 풀며
계산의 신이 되자!

《계산의 신》은 초등학교 1학년부터 6학년 과정까지 총 120단계로 구성되어 있습니다.
매일 2쪽씩 꾸준히 반복 학습을 하면 탄탄한 계산력을 기를 수 있습니다.
더불어 복습할 수 있는 '묶어 풀기'가 있고, 지친 마음을 헤아려 주는
'재미있는 수학이야기'와 '수학퀴즈'가 있습니다.
꿈을담는틀의 《계산의 신》이 준비한 길로 들어오실 준비가 되셨나요?
그 길을 따라 걸으며 문제를 풀고 이야기를 듣다 보면
어느새 계산의 신이 되어 있을 거예요!

★★★★
구성과 일러스트가 인상적!

★★★★★
초등 수학은 이 책이면 끝!

021 단계 (두 자리 수)+(한 자리 수)

◆스스로 학습 관리표◆

- 매일 맞힌 개수를 적고, 걸린 시간만큼 색칠해 보세요. (눈금 1칸은 1분이며, 초는 표의 상단에 적으세요.)
- 하루하루 지날수록 실력이 자라고, 계산 속도가 빨라지는 것을 눈으로 직접 확인할 수 있습니다.

A

	1일 차	2일 차	3일 차	4일 차	5일 차
	(　　초)	(　　초)	(　　초)	(　　초)	(　　초)
30분					
25분					
20분					
15분					
10분					
5분					
0분					
맞힌 개수	/24	/24	/24	/24	/24

B

	1일 차	2일 차	3일 차	4일 차	5일 차
	(　　초)	(　　초)	(　　초)	(　　초)	(　　초)
30분					
25분					
20분					
15분					
10분					
5분					
0분					
맞힌 개수	/30	/30	/30	/30	/30

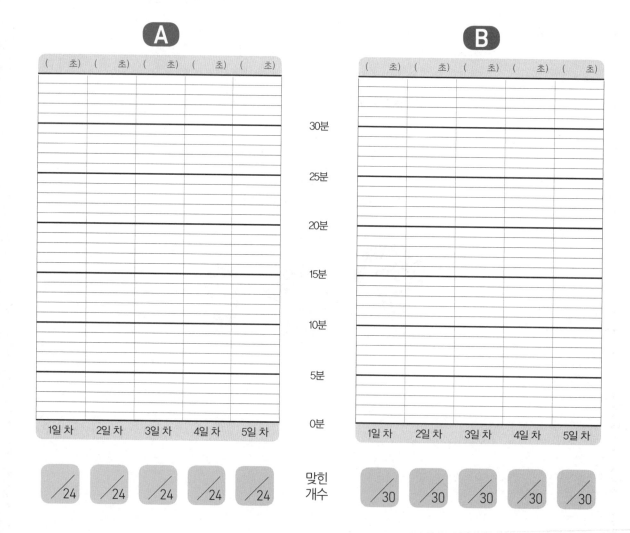

개념 포인트

받아올림이 한 번 있는 덧셈

일의 자리끼리 먼저 더한 다음, 합이 10이거나 10보다 크면 십의 자리 숫자 위에 작게 1이라고 써 주고, 일의 자리에는 나머지를 써 줍니다.

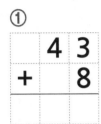

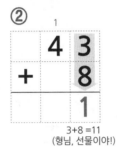

①

	4	3
+		8

②

	1	
	4	3
+		8
		1

3+8 =11
(형님, 선물이야!)

③

	1	
	4	3
+		8
	5	1

1+4 =5

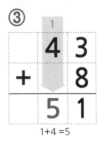

받아올림이 두 번 연달아 있는 덧셈

①

	9	3
+		8

②

	1	
	9	3
+		8
		1

③

	1	
	9	3
+		8
1	0	1

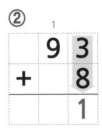

십이 10개니까 백이 1개. 백의 자리에 1을 씁니다.

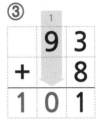

예시

세로셈

	1	
	4	3
+		8
	5	1

가로셈 $43 + 8 = 51$

받아올림이 있는지 확인해 봐.

받아올림에 주의하면서 정확하게 계산하는 것이 중요합니다. 세로셈에 익숙해지면 가로셈도 어렵지 않습니다. 가로셈에서도 일의 자리부터 계산하고, 받아올림이 있으면 십의 자리 숫자와 '1'을 더하여 계산할 수 있도록 지도해 주세요.

1일차 A형

(두 자리 수)+(한 자리 수)

월 일
분 초
/24

✎ 덧셈을 하세요.

1. $37 + 4$
2. $58 + 4$
3. $73 + 9$
4. $97 + 7$
5. $64 + 6$
6. $49 + 5$
7. $85 + 7$
8. $24 + 9$
9. $51 + 9$
10. $69 + 4$
11. $42 + 9$
12. $16 + 8$
13. $87 + 6$
14. $75 + 8$
15. $29 + 7$
16. $38 + 7$
17. $68 + 7$
18. $96 + 6$
19. $44 + 8$
20. $25 + 6$
21. $57 + 9$
22. $36 + 6$
23. $82 + 9$
24. $71 + 9$

자기 점수에 ○표 하세요

맞힌 개수	16개 이하	17~20개	21~22개	23~24개
학습 방법	개념을 다시 공부하세요.	조금 더 노력하세요.	실수하면 안 돼요.	참 잘했어요.

1일차 B형

(두 자리 수)+(한 자리 수)

월 일
분 초
/30

정답 2쪽

덧셈을 하세요.

❶ 23+8=	❷ 59+3=	❸ 97+3=
❹ 34+7=	❺ 67+7=	❻ 16+8=
❼ 49+8=	❽ 78+5=	❾ 29+5=
❿ 58+6=	⓫ 84+9=	⓬ 37+8=
⓭ 65+7=	⓮ 95+8=	⓯ 43+9=
⓰ 77+8=	⓱ 25+8=	⓲ 58+8=
⓳ 86+4=	⓴ 19+4=	21 62+9=
22 92+9=	23 33+7=	24 75+7=
25 21+9=	26 48+6=	27 84+8=
28 13+8=	29 51+9=	30 99+8=

자기 점수에 ○표 하세요.

맞힌 개수	20개 이하	21~25개	26~28개	29~30개
학습 방법	개념을 다시 공부하세요.	조금 더 노력 하세요.	실수하면 안 돼요.	참 잘했어요.

2일차 A형

(두 자리 수)+(한 자리 수)

월 일
분 초
/24

덧셈을 하세요.

❶		4 9
	+	7

❷		8 6
	+	8

❸		5 4
	+	6

❹		3 7
	+	9

❺		4 9
	+	8

❻		8 8
	+	8

❼		5 9
	+	9

❽		7 7
	+	7

❾		6 5
	+	5

❿		2 9
	+	8

⓫		3 8
	+	6

⓬		1 9
	+	2

⓭		7 4
	+	6

⓮		8 3
	+	8

⓯		6 7
	+	6

⓰		9 5
	+	7

⓱		3 2
	+	8

⓲		5 9
	+	6

⓳		2 5
	+	9

⓴		6 4
	+	8

㉑		3 5
	+	8

㉒		4 2
	+	9

㉓		1 2
	+	8

㉔		7 5
	+	7

자기 점수에 ○표 하세요

맞힌 개수	16개 이하	17~20개	21~22개	23~24개
학습 방법	개념을 다시 공부하세요.	조금 더 노력하세요.	실수하면 안 돼요.	참 잘했어요.

(두 자리 수)+(한 자리 수)

월 일
분 초
/30

정답 3쪽

덧셈을 하세요.

❶ 42+8=
❷ 93+8=
❸ 33+9=
❹ 14+7=
❺ 16+7=
❻ 56+8=
❼ 79+6=
❽ 84+8=
❾ 27+9=
❿ 46+6=
⓫ 36+5=
⓬ 74+6=
⓭ 68+4=
⓮ 65+9=
⓯ 25+6=
⓰ 26+8=
⓱ 67+9=
⓲ 54+9=
⓳ 44+7=
⓴ 16+4=
㉑ 31+9=
㉒ 24+8=
㉓ 68+7=
㉔ 45+8=
㉕ 34+9=
㉖ 27+6=
㉗ 73+9=
㉘ 53+9=
㉙ 36+8=
㉚ 96+8=

자기 점수에 ○표 하세요

맞힌 개수	20개 이하	21~25개	26~28개	29~30개
학습 방법	개념을 다시 공부하세요.	조금 더 노력하세요.	실수하면 안 돼요.	참 잘했어요.

3일차 A형 (두 자리 수)+(한 자리 수)

월 일
분 초
/24

✐ 덧셈을 하세요.

❶ $\begin{array}{r} 27 \\ +\ \ 5 \\ \hline \end{array}$

❷ $\begin{array}{r} 75 \\ +\ \ 8 \\ \hline \end{array}$

❸ $\begin{array}{r} 49 \\ +\ \ 8 \\ \hline \end{array}$

❹ $\begin{array}{r} 67 \\ +\ \ 7 \\ \hline \end{array}$

❺ $\begin{array}{r} 84 \\ +\ \ 6 \\ \hline \end{array}$

❻ $\begin{array}{r} 39 \\ +\ \ 6 \\ \hline \end{array}$

❼ $\begin{array}{r} 56 \\ +\ \ 7 \\ \hline \end{array}$

❽ $\begin{array}{r} 18 \\ +\ \ 3 \\ \hline \end{array}$

❾ $\begin{array}{r} 87 \\ +\ \ 9 \\ \hline \end{array}$

❿ $\begin{array}{r} 49 \\ +\ \ 9 \\ \hline \end{array}$

⓫ $\begin{array}{r} 16 \\ +\ \ 9 \\ \hline \end{array}$

⓬ $\begin{array}{r} 74 \\ +\ \ 8 \\ \hline \end{array}$

⓭ $\begin{array}{r} 43 \\ +\ \ 8 \\ \hline \end{array}$

⓮ $\begin{array}{r} 85 \\ +\ \ 8 \\ \hline \end{array}$

⓯ $\begin{array}{r} 34 \\ +\ \ 8 \\ \hline \end{array}$

⓰ $\begin{array}{r} 52 \\ +\ \ 8 \\ \hline \end{array}$

⓱ $\begin{array}{r} 69 \\ +\ \ 2 \\ \hline \end{array}$

⓲ $\begin{array}{r} 46 \\ +\ \ 8 \\ \hline \end{array}$

⓳ $\begin{array}{r} 54 \\ +\ \ 8 \\ \hline \end{array}$

⓴ $\begin{array}{r} 29 \\ +\ \ 4 \\ \hline \end{array}$

㉑ $\begin{array}{r} 27 \\ +\ \ 8 \\ \hline \end{array}$

㉒ $\begin{array}{r} 67 \\ +\ \ 9 \\ \hline \end{array}$

㉓ $\begin{array}{r} 91 \\ +\ \ 9 \\ \hline \end{array}$

㉔ $\begin{array}{r} 75 \\ +\ \ 9 \\ \hline \end{array}$

자기 점수에 ○표 하세요

맞힌 개수	16개 이하	17~20개	21~22개	23~24개
학습 방법	개념을 다시 공부하세요.	조금 더 노력하세요.	실수하면 안 돼요.	참 잘했어요.

(두 자리 수)+(한 자리 수)

월 일
분 초
/30

정답 4쪽

덧셈을 하세요.

① 53+8=	② 77+9=	③ 42+8=
④ 76+6=	⑤ 19+8=	⑥ 86+5=
⑦ 38+7=	⑧ 25+8=	⑨ 55+7=
⑩ 14+9=	⑪ 68+6=	⑫ 35+9=
⑬ 28+6=	⑭ 83+9=	⑮ 62+8=
⑯ 64+7=	⑰ 26+4=	⑱ 25+7=
⑲ 96+5=	⑳ 58+7=	㉑ 85+9=
㉒ 81+9=	㉓ 38+4=	㉔ 45+6=
㉕ 23+8=	㉖ 77+8=	㉗ 12+9=
㉘ 44+9=	㉙ 33+8=	㉚ 46+6=

자기 점수에 ○표 하세요

맞힌 개수	20개 이하	21~25개	26~28개	29~30개
학습 방법	개념을 다시 공부하세요.	조금 더 노력 하세요.	실수하면 안 돼요.	참 잘했어요.

(두 자리 수)+(한 자리 수)

월	일
분	초
	/24

✎ 덧셈을 하세요.

① $\begin{array}{r} 34 \\ +\ \ 7 \\ \hline \end{array}$

② $\begin{array}{r} 53 \\ +\ \ 9 \\ \hline \end{array}$

③ $\begin{array}{r} 72 \\ +\ \ 8 \\ \hline \end{array}$

④ $\begin{array}{r} 43 \\ +\ \ 7 \\ \hline \end{array}$

⑤ $\begin{array}{r} 76 \\ +\ \ 9 \\ \hline \end{array}$

⑥ $\begin{array}{r} 24 \\ +\ \ 9 \\ \hline \end{array}$

⑦ $\begin{array}{r} 68 \\ +\ \ 8 \\ \hline \end{array}$

⑧ $\begin{array}{r} 42 \\ +\ \ 9 \\ \hline \end{array}$

⑨ $\begin{array}{r} 62 \\ +\ \ 9 \\ \hline \end{array}$

⑩ $\begin{array}{r} 85 \\ +\ \ 8 \\ \hline \end{array}$

⑪ $\begin{array}{r} 16 \\ +\ \ 8 \\ \hline \end{array}$

⑫ $\begin{array}{r} 35 \\ +\ \ 7 \\ \hline \end{array}$

⑬ $\begin{array}{r} 45 \\ +\ \ 9 \\ \hline \end{array}$

⑭ $\begin{array}{r} 78 \\ +\ \ 8 \\ \hline \end{array}$

⑮ $\begin{array}{r} 54 \\ +\ \ 7 \\ \hline \end{array}$

⑯ $\begin{array}{r} 89 \\ +\ \ 5 \\ \hline \end{array}$

⑰ $\begin{array}{r} 26 \\ +\ \ 8 \\ \hline \end{array}$

⑱ $\begin{array}{r} 93 \\ +\ \ 9 \\ \hline \end{array}$

⑲ $\begin{array}{r} 55 \\ +\ \ 8 \\ \hline \end{array}$

⑳ $\begin{array}{r} 69 \\ +\ \ 6 \\ \hline \end{array}$

㉑ $\begin{array}{r} 38 \\ +\ \ 9 \\ \hline \end{array}$

㉒ $\begin{array}{r} 24 \\ +\ \ 8 \\ \hline \end{array}$

㉓ $\begin{array}{r} 62 \\ +\ \ 8 \\ \hline \end{array}$

㉔ $\begin{array}{r} 88 \\ +\ \ 4 \\ \hline \end{array}$

자기 점수에 ○표 하세요

맞힌 개수	16개 이하	17~20개	21~22개	23~24개
학습 방법	개념을 다시 공부하세요.	조금 더 노력 하세요.	실수하면 안 돼요.	참 잘했어요.

(두 자리 수)+(한 자리 수)

월	일
분	초
	/30

정답 5쪽

덧셈을 하세요.

① 63+9=	② 38+6=	③ 57+3=
④ 55+7=	⑤ 26+5=	⑥ 44+6=
⑦ 88+8=	⑧ 75+6=	⑨ 47+7=
⑩ 83+9=	⑪ 67+8=	⑫ 38+9=
⑬ 57+9=	⑭ 48+5=	⑮ 28+8=
⑯ 61+9=	⑰ 74+6=	⑱ 38+8=
⑲ 26+8=	⑳ 36+5=	㉑ 54+9=
㉒ 96+7=	㉓ 18+8=	㉔ 49+8=
㉕ 58+6=	㉖ 67+6=	㉗ 73+9=
㉘ 59+9=	㉙ 89+5=	㉚ 39+4=

자기 점수에 ○표 하세요

맞힌 개수	20개 이하	21~25개	26~28개	29~30개
학습 방법	개념을 다시 공부하세요.	조금 더 노력 하세요.	실수하면 안 돼요.	참 잘했어요.

5일차 A형

(두 자리 수)+(한 자리 수)

월 일
분 초
/24

덧셈을 하세요.

❶ $\begin{array}{r} 19 \\ +\ \ 3 \\ \hline \end{array}$

❷ $\begin{array}{r} 54 \\ +\ \ 7 \\ \hline \end{array}$

❸ $\begin{array}{r} 29 \\ +\ \ 9 \\ \hline \end{array}$

❹ $\begin{array}{r} 35 \\ +\ \ 7 \\ \hline \end{array}$

❺ $\begin{array}{r} 67 \\ +\ \ 6 \\ \hline \end{array}$

❻ $\begin{array}{r} 29 \\ +\ \ 8 \\ \hline \end{array}$

❼ $\begin{array}{r} 47 \\ +\ \ 7 \\ \hline \end{array}$

❽ $\begin{array}{r} 24 \\ +\ \ 8 \\ \hline \end{array}$

❾ $\begin{array}{r} 35 \\ +\ \ 8 \\ \hline \end{array}$

❿ $\begin{array}{r} 88 \\ +\ \ 6 \\ \hline \end{array}$

⓫ $\begin{array}{r} 15 \\ +\ \ 8 \\ \hline \end{array}$

⓬ $\begin{array}{r} 73 \\ +\ \ 7 \\ \hline \end{array}$

⓭ $\begin{array}{r} 49 \\ +\ \ 6 \\ \hline \end{array}$

⓮ $\begin{array}{r} 77 \\ +\ \ 8 \\ \hline \end{array}$

⓯ $\begin{array}{r} 26 \\ +\ \ 8 \\ \hline \end{array}$

⓰ $\begin{array}{r} 59 \\ +\ \ 7 \\ \hline \end{array}$

⓱ $\begin{array}{r} 22 \\ +\ \ 9 \\ \hline \end{array}$

⓲ $\begin{array}{r} 73 \\ +\ \ 8 \\ \hline \end{array}$

⓳ $\begin{array}{r} 54 \\ +\ \ 8 \\ \hline \end{array}$

⓴ $\begin{array}{r} 74 \\ +\ \ 9 \\ \hline \end{array}$

㉑ $\begin{array}{r} 52 \\ +\ \ 8 \\ \hline \end{array}$

㉒ $\begin{array}{r} 34 \\ +\ \ 6 \\ \hline \end{array}$

㉓ $\begin{array}{r} 94 \\ +\ \ 7 \\ \hline \end{array}$

㉔ $\begin{array}{r} 68 \\ +\ \ 4 \\ \hline \end{array}$

자기 점수에 ○표 하세요

맞힌 개수	16개 이하	17~20개	21~22개	23~24개
학습 방법	개념을 다시 공부하세요.	조금 더 노력 하세요.	실수하면 안 돼요.	참 잘했어요.

5일차 B형

(두 자리 수)+(한 자리 수)

월 일
분 초
/30

정답 6쪽

덧셈을 하세요.

❶ 28+7=

❷ 69+4=

❸ 56+8=

❹ 68+8=

❺ 14+7=

❻ 98+2=

❼ 52+9=

❽ 15+8=

❾ 78+5=

❿ 27+3=

⓫ 96+8=

⓬ 86+9=

⓭ 86+4=

⓮ 75+7=

⓯ 45+6=

⓰ 54+8=

⓱ 83+9=

⓲ 16+9=

⓳ 38+9=

⓴ 66+6=

㉑ 36+7=

㉒ 41+9=

㉓ 65+9=

㉔ 29+8=

㉕ 73+8=

㉖ 25+6=

㉗ 14+8=

㉘ 46+9=

㉙ 38+8=

㉚ 85+8=

자기 점수에 ○표 하세요

맞힌 개수	20개 이하	21~25개	26~28개	29~30개
학습 방법	개념을 다시 공부하세요.	조금 더 노력 하세요.	실수하면 안 돼요.	참 잘했어요.

022 단계 (두 자리 수)+(두 자리 수)(1)

◆스스로 학습 관리표◆

- 매일 맞힌 개수를 적고, 걸린 시간만큼 색칠해 보세요.
(눈금 1칸은 1분이며, 초는 표의 상단에 적으세요.)
- 하루하루 지날수록 실력이 자라고, 계산 속도가 빨라지는 것을 눈으로 직접 확인할 수 있습니다.

A

(초)	(초)	(초)	(초)	(초)
1일 차	2일 차	3일 차	4일 차	5일 차
/24	/24	/24	/24	/24

B

(초)	(초)	(초)	(초)	(초)
1일 차	2일 차	3일 차	4일 차	5일 차
/30	/30	/30	/30	/30

30분
25분
20분
15분
10분
5분
0분

맞힌 개수

◆개념 포인트◆

일의 자리에서 십의 자리로 받아올림하기

일의 자리를 더한 값이 10보다 커지면 십의 자리로 1을 받아올림해 주고 나머지 수는 일의 자리에 써 줍니다.

받아올림

①

	1	
	3	7
+	4	8
		5

7+8 = 15

②

	1	
	3	7
+	4	8
	8	5

1+3+4=8

받아올림한 수를 같이 더해 주세요!

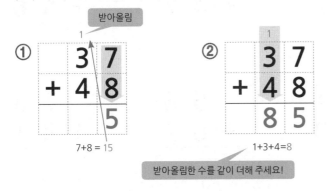

십의 자리에서 백의 자리로 받아올림하기

①

	8	3
+	3	4
		7

3+4=7

②

	8	3
+	3	4
1	1	7

8+3=11

받아올림

예시

세로셈

	7	6
+	3	2
1	0	8

가로셈

76 + 32 = 108

받아올림에 익숙하지 않은 아이들은 덧셈을 할 때 조금 큰 숫자가 나오면 계산하지도 않고 미리 받아올림하는 경우가 종종 있습니다. 차근차근 일의 자리부터 계산한 다음, 10이나 10보다 큰 수가 되면 1을 그 위의 자리로 올리는 받아올림을 "형님, 선물이야!" 한다고 말해 주세요. 아이들이 재미있어 하면서 기억합니다.

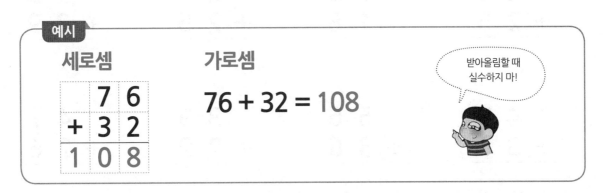

(두 자리 수)+(두 자리 수) (1)

월 일
분 초
/24

✎ 덧셈을 하세요.

① $\begin{array}{r} 57 \\ +\ 34 \\ \hline \end{array}$

② $\begin{array}{r} 43 \\ +\ 29 \\ \hline \end{array}$

③ $\begin{array}{r} 39 \\ +\ 42 \\ \hline \end{array}$

④ $\begin{array}{r} 28 \\ +\ 56 \\ \hline \end{array}$

⑤ $\begin{array}{r} 10 \\ +\ 90 \\ \hline \end{array}$

⑥ $\begin{array}{r} 71 \\ +\ 50 \\ \hline \end{array}$

⑦ $\begin{array}{r} 56 \\ +\ 62 \\ \hline \end{array}$

⑧ $\begin{array}{r} 76 \\ +\ 81 \\ \hline \end{array}$

⑨ $\begin{array}{r} 43 \\ +\ 85 \\ \hline \end{array}$

⑩ $\begin{array}{r} 52 \\ +\ 65 \\ \hline \end{array}$

⑪ $\begin{array}{r} 38 \\ +\ 15 \\ \hline \end{array}$

⑫ $\begin{array}{r} 83 \\ +\ 84 \\ \hline \end{array}$

⑬ $\begin{array}{r} 46 \\ +\ 25 \\ \hline \end{array}$

⑭ $\begin{array}{r} 32 \\ +\ 18 \\ \hline \end{array}$

⑮ $\begin{array}{r} 27 \\ +\ 25 \\ \hline \end{array}$

⑯ $\begin{array}{r} 25 \\ +\ 39 \\ \hline \end{array}$

⑰ $\begin{array}{r} 48 \\ +\ 37 \\ \hline \end{array}$

⑱ $\begin{array}{r} 56 \\ +\ 36 \\ \hline \end{array}$

⑲ $\begin{array}{r} 39 \\ +\ 29 \\ \hline \end{array}$

⑳ $\begin{array}{r} 47 \\ +\ 26 \\ \hline \end{array}$

㉑ $\begin{array}{r} 57 \\ +\ 37 \\ \hline \end{array}$

㉒ $\begin{array}{r} 18 \\ +\ 24 \\ \hline \end{array}$

㉓ $\begin{array}{r} 42 \\ +\ 48 \\ \hline \end{array}$

㉔ $\begin{array}{r} 19 \\ +\ 15 \\ \hline \end{array}$

자기 점수에 ○표 하세요

맞힌 개수	16개 이하	17~20개	21~22개	23~24개
학습 방법	개념을 다시 공부하세요.	조금 더 노력하세요.	실수하면 안 돼요.	참 잘했어요.

(두 자리 수)+(두 자리 수)(1)

월 일
분 초
/30

정답 7쪽

덧셈을 하세요.

❶ 16+49=
❷ 43+77=
❸ 19+43=
❹ 60+40=
❺ 60+50=
❻ 27+54=
❼ 34+37=
❽ 70+52=
❾ 36+28=
❿ 54+36=
⓫ 30+86=
⓬ 19+14=
⓭ 19+27=
⓮ 67+50=
⓯ 56+35=
⓰ 17+57=
⓱ 39+70=
⓲ 75+17=
⓳ 62+19=
⓴ 28+91=
㉑ 64+19=
㉒ 48+45=
㉓ 35+92=
㉔ 26+14=
㉕ 30+94=
㉖ 14+18=
㉗ 53+27=
㉘ 36+83=
㉙ 93+54=
㉚ 34+18=

자기 점수에 ○표 하세요

맞힌 개수	20개 이하	21~25개	26~28개	29~30개
학습 방법	개념을 다시 공부하세요.	조금 더 노력하세요.	실수하면 안 돼요.	참 잘했어요.

(두 자리 수)+(두 자리 수) (1)

월 일
분 초
/24

덧셈을 하세요.

❶ 60 + 50 =

❷ 32 + 38 =

❸ 26 + 35 =

❹ 43 + 49 =

❺ 70 + 30 =

❻ 18 + 36 =

❼ 80 + 52 =

❽ 51 + 52 =

❾ 98 + 20 =

❿ 73 + 64 =

⓫ 19 + 14 =

⓬ 83 + 65 =

⓭ 64 + 29 =

⓮ 28 + 15 =

⓯ 47 + 36 =

⓰ 28 + 18 =

⓱ 39 + 32 =

⓲ 66 + 40 =

⓳ 49 + 13 =

⓴ 27 + 29 =

㉑ 47 + 38 =

㉒ 28 + 39 =

㉓ 92 + 94 =

㉔ 47 + 25 =

자기 점수에 ○표 하세요

맞힌 개수	16개 이하	17~20개	21~22개	23~24개
학습 방법	개념을 다시 공부하세요.	조금 더 노력 하세요.	실수하면 안 돼요.	참 잘했어요.

(두 자리 수)+(두 자리 수)(1)

월 일
분 초
/30

정답 8쪽

덧셈을 하세요.

❶ 20+90=

❷ 15+39=

❸ 21+49=

❹ 93+30=

❺ 70+98=

❻ 18+90=

❼ 66+19=

❽ 80+69=

❾ 61+74=

❿ 93+86=

⓫ 39+28=

⓬ 40+81=

⓭ 29+16=

⓮ 40+94=

⓯ 42+48=

⓰ 16+77=

⓱ 94+21=

⓲ 26+58=

⓳ 37+37=

⓴ 58+39=

㉑ 21+93=

㉒ 18+15=

㉓ 75+16=

㉔ 65+53=

㉕ 24+83=

㉖ 96+30=

㉗ 26+46=

㉘ 39+13=

㉙ 38+29=

㉚ 93+62=

자기 점수에 ○표 하세요

맞힌 개수	20개 이하	21~25개	26~28개	29~30개
학습 방법	개념을 다시 공부하세요.	조금 더 노력 하세요.	실수하면 안 돼요.	참 잘했어요.

3일차 A형

(두 자리 수)+(두 자리 수) (1)

월	일
분	초
	/24

덧셈을 하세요.

❶ 42 + 80 =

❷ 19 + 54 =

❸ 16 + 16 =

❹ 45 + 70 =

❺ 80 + 56 =

❻ 18 + 45 =

❼ 78 + 51 =

❽ 51 + 52 =

❾ 94 + 45 =

❿ 76 + 83 =

⓫ 59 + 27 =

⓬ 63 + 64 =

⓭ 27 + 39 =

⓮ 10 + 92 =

⓯ 44 + 26 =

⓰ 59 + 35 =

⓱ 49 + 28 =

⓲ 12 + 39 =

⓳ 93 + 53 =

⓴ 27 + 64 =

㉑ 33 + 19 =

㉒ 47 + 43 =

㉓ 16 + 28 =

㉔ 37 + 19 =

자기 점수에 ○표 하세요

맞힌 개수	16개 이하	17~20개	21~22개	23~24개
학습 방법	개념을 다시 공부하세요.	조금 더 노력 하세요.	실수하면 안 돼요.	참 잘했어요.

(두 자리 수)+(두 자리 수)(1)

월	일
분	초
	/30

정답 9쪽

덧셈을 하세요.

❶ 50+50= ❷ 40+82= ❸ 56+80=

❹ 27+56= ❺ 71+58= ❻ 94+51=

❼ 36+72= ❽ 85+62= ❾ 61+80=

❿ 28+27= ⓫ 98+90= ⓬ 83+51=

⓭ 19+15= ⓮ 70+85= ⓯ 15+35=

⓰ 14+29= ⓱ 36+58= ⓲ 54+83=

⓳ 75+64= ⓴ 71+62= ㉑ 38+52=

㉒ 26+19= ㉓ 55+38= ㉔ 79+13=

㉕ 49+35= ㉖ 96+72= ㉗ 32+82=

㉘ 79+18= ㉙ 32+39= ㉚ 18+43=

자기 점수에 ○표 하세요.

맞힌 개수	20개 이하	21~25개	26~28개	29~30개
학습 방법	개념을 다시 공부하세요.	조금 더 노력 하세요.	실수하면 안 돼요.	참 잘했어요.

4일차 A형

(두 자리 수)+(두 자리 수) (1)

월 일
분 초
/24

덧셈을 하세요.

❶ $\begin{array}{r} 63 \\ +\ 60 \\ \hline \end{array}$ ❷ $\begin{array}{r} 81 \\ +\ 88 \\ \hline \end{array}$ ❸ $\begin{array}{r} 26 \\ +\ 80 \\ \hline \end{array}$ ❹ $\begin{array}{r} 53 \\ +\ 92 \\ \hline \end{array}$

❺ $\begin{array}{r} 76 \\ +\ 63 \\ \hline \end{array}$ ❻ $\begin{array}{r} 96 \\ +\ 21 \\ \hline \end{array}$ ❼ $\begin{array}{r} 84 \\ +\ 62 \\ \hline \end{array}$ ❽ $\begin{array}{r} 71 \\ +\ 64 \\ \hline \end{array}$

❾ $\begin{array}{r} 93 \\ +\ 65 \\ \hline \end{array}$ ❿ $\begin{array}{r} 51 \\ +\ 62 \\ \hline \end{array}$ ⓫ $\begin{array}{r} 82 \\ +\ 77 \\ \hline \end{array}$ ⓬ $\begin{array}{r} 72 \\ +\ 72 \\ \hline \end{array}$

⓭ $\begin{array}{r} 25 \\ +\ 36 \\ \hline \end{array}$ ⓮ $\begin{array}{r} 29 \\ +\ 24 \\ \hline \end{array}$ ⓯ $\begin{array}{r} 28 \\ +\ 56 \\ \hline \end{array}$ ⓰ $\begin{array}{r} 53 \\ +\ 39 \\ \hline \end{array}$

⓱ $\begin{array}{r} 38 \\ +\ 52 \\ \hline \end{array}$ ⓲ $\begin{array}{r} 38 \\ +\ 28 \\ \hline \end{array}$ ⓳ $\begin{array}{r} 24 \\ +\ 58 \\ \hline \end{array}$ ⓴ $\begin{array}{r} 24 \\ +\ 19 \\ \hline \end{array}$

㉑ $\begin{array}{r} 17 \\ +\ 14 \\ \hline \end{array}$ ㉒ $\begin{array}{r} 57 \\ +\ 19 \\ \hline \end{array}$ ㉓ $\begin{array}{r} 28 \\ +\ 63 \\ \hline \end{array}$ ㉔ $\begin{array}{r} 46 \\ +\ 35 \\ \hline \end{array}$

자기 점수에 ○표 하세요.

맞힌 개수	16개 이하	17~20개	21~22개	23~24개
학습 방법	개념을 다시 공부하세요.	조금 더 노력하세요.	실수하면 안 돼요.	참 잘했어요.

(두 자리 수)+(두 자리 수) (1)

월 일
분 초
/30

정답 10쪽

덧셈을 하세요.

① 48+12=	② 25+80=	③ 54+84=
④ 77+42=	⑤ 19+18=	⑥ 56+51=
⑦ 59+36=	⑧ 24+19=	⑨ 83+96=
⑩ 47+16=	⑪ 40+76=	⑫ 66+51=
⑬ 88+40=	⑭ 53+91=	⑮ 28+36=
⑯ 18+35=	⑰ 94+81=	⑱ 38+47=
⑲ 36+82=	⑳ 26+58=	㉑ 81+53=
㉒ 91+97=	㉓ 17+39=	㉔ 64+62=
㉕ 75+60=	㉖ 46+48=	㉗ 26+44=
㉘ 27+13=	㉙ 58+18=	㉚ 93+85=

자기 점수에 ○표 하세요

맞힌 개수	20개 이하	21~25개	26~28개	29~30개
학습 방법	개념을 다시 공부하세요.	조금 더 노력하세요.	실수하면 안 돼요.	참 잘했어요.

5일차 A형

(두 자리 수)+(두 자리 수) (1)

월 일
분 초
/24

덧셈을 하세요.

① $\begin{array}{r} 29 \\ +36 \\ \hline \end{array}$

② $\begin{array}{r} 19 \\ +31 \\ \hline \end{array}$

③ $\begin{array}{r} 47 \\ +35 \\ \hline \end{array}$

④ $\begin{array}{r} 49 \\ +28 \\ \hline \end{array}$

⑤ $\begin{array}{r} 56 \\ +37 \\ \hline \end{array}$

⑥ $\begin{array}{r} 17 \\ +45 \\ \hline \end{array}$

⑦ $\begin{array}{r} 80 \\ +78 \\ \hline \end{array}$

⑧ $\begin{array}{r} 58 \\ +50 \\ \hline \end{array}$

⑨ $\begin{array}{r} 47 \\ +43 \\ \hline \end{array}$

⑩ $\begin{array}{r} 73 \\ +81 \\ \hline \end{array}$

⑪ $\begin{array}{r} 53 \\ +28 \\ \hline \end{array}$

⑫ $\begin{array}{r} 72 \\ +43 \\ \hline \end{array}$

⑬ $\begin{array}{r} 69 \\ +15 \\ \hline \end{array}$

⑭ $\begin{array}{r} 29 \\ +27 \\ \hline \end{array}$

⑮ $\begin{array}{r} 16 \\ +26 \\ \hline \end{array}$

⑯ $\begin{array}{r} 39 \\ +24 \\ \hline \end{array}$

⑰ $\begin{array}{r} 19 \\ +17 \\ \hline \end{array}$

⑱ $\begin{array}{r} 14 \\ +93 \\ \hline \end{array}$

⑲ $\begin{array}{r} 42 \\ +93 \\ \hline \end{array}$

⑳ $\begin{array}{r} 34 \\ +38 \\ \hline \end{array}$

㉑ $\begin{array}{r} 28 \\ +19 \\ \hline \end{array}$

㉒ $\begin{array}{r} 64 \\ +72 \\ \hline \end{array}$

㉓ $\begin{array}{r} 25 \\ +28 \\ \hline \end{array}$

㉔ $\begin{array}{r} 47 \\ +27 \\ \hline \end{array}$

자기 점수에 ○표 하세요

맞힌 개수	16개 이하	17~20개	21~22개	23~24개
학습 방법	개념을 다시 공부하세요.	조금 더 노력하세요.	실수하면 안 돼요.	참 잘했어요.

5일차 B형

(두 자리 수)+(두 자리 수) (1)

월 일
분 초
/30

정답 11쪽

덧셈을 하세요.

① 25+80=
② 56+29=
③ 40+81=
④ 91+18=
⑤ 94+51=
⑥ 42+48=
⑦ 24+19=
⑧ 61+80=
⑨ 86+93=
⑩ 40+76=
⑪ 25+38=
⑫ 21+93=
⑬ 53+91=
⑭ 15+35=
⑮ 15+17=
⑯ 94+81=
⑰ 54+83=
⑱ 28+18=
⑲ 51+76=
⑳ 38+45=
㉑ 80+69=
㉒ 17+38=
㉓ 79+13=
㉔ 94+21=
㉕ 96+10=
㉖ 32+39=
㉗ 40+94=
㉘ 58+18=
㉙ 18+43=
㉚ 76+42=

자기 점수에 ○표 하세요

맞힌 개수	20개 이하	21~25개	26~28개	29~30개
학습 방법	개념을 다시 공부하세요.	조금 더 노력 하세요.	실수하면 안 돼요.	참 잘했어요.

023 단계 (두 자리 수)+(두 자리 수)(2)

◆스스로 학습 관리표◆

- 매일 맞힌 개수를 적고, 걸린 시간만큼 색칠해 보세요.
  (눈금 1칸은 1분이며, 초는 표의 상단에 적으세요.)
- 하루하루 지날수록 실력이 자라고, 계산 속도가 빨라지는 것을 눈으로 직접 확인할 수 있습니다.

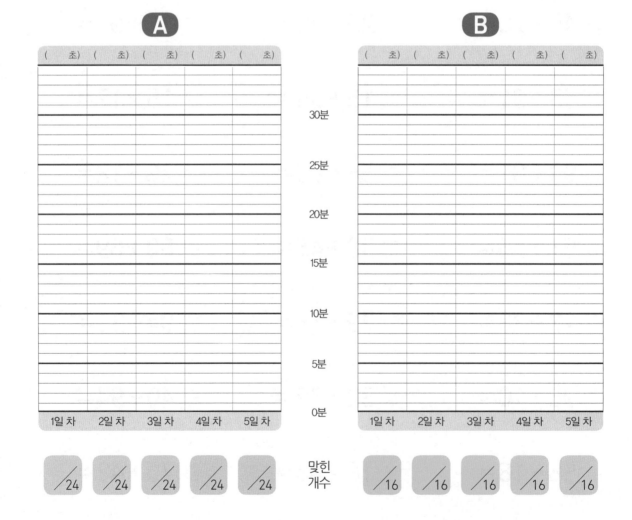

A

(초)	(초)	(초)	(초)	(초)	
					30분
					25분
					20분
					15분
					10분
					5분
					0분
1일 차	2일 차	3일 차	4일 차	5일 차	
/24	/24	/24	/24	/24	맞힌 개수

B

(초)	(초)	(초)	(초)	(초)	
					30분
					25분
					20분
					15분
					10분
					5분
					0분
1일 차	2일 차	3일 차	4일 차	5일 차	
/16	/16	/16	/16	/16	맞힌 개수

개념 포인트

받아올림이 두 번 있는 덧셈

(1) 일의 자리에서 십의 자리 순서로 계산합니다.

(2) 각 자리 숫자의 합이 10이거나 10보다 크면 바로 윗자리로 받아올림합니다. 일의 자리와 십의 자리에서 계속해서 받아올림이 있는 덧셈의 경우, 받아올림한 수를 빠뜨리지 말고 계산해 주세요!

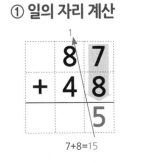

① 일의 자리 계산

	1	
	8	7
+	4	8
		5

7+8=15

② 십의 자리 계산

	1	
	8	7
+	4	8
1	3	5

1+8+4=13

받아올림한 수를 같이 더해 주세요!

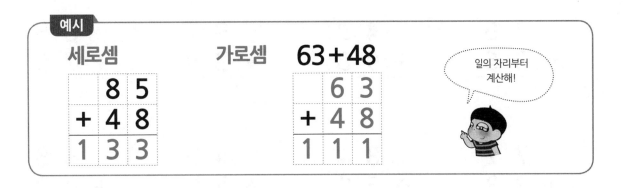

예시

세로셈

	8	5
+	4	8
1	3	3

가로셈 63+48

	6	3
+	4	8
1	1	1

받아올림이 연달아 두 번 있는 덧셈입니다. "형님, 선물이야!"라고 두 번 말하는 계산이지요. 일의 자리부터 차근차근 계산하도록 지도해 주세요. 수의 계산에서도 글씨를 또박또박 쓰지 않으면 받아올림 수를 쓰고도 빼놓고 계산하는 실수를 하기 쉽습니다.

1일차 A형

(두 자리 수)+(두 자리 수) (2)

월 일
분 초
/24

덧셈을 하세요.

❶ $76 + 35$

❷ $53 + 89$

❸ $54 + 79$

❹ $93 + 58$

❺ $66 + 54$

❻ $77 + 57$

❼ $53 + 69$

❽ $86 + 97$

❾ $46 + 55$

❿ $56 + 57$

⓫ $86 + 86$

⓬ $48 + 55$

⓭ $76 + 36$

⓮ $43 + 98$

⓯ $97 + 39$

⓰ $85 + 79$

⓱ $77 + 33$

⓲ $84 + 68$

⓳ $49 + 59$

⓴ $48 + 92$

㉑ $56 + 76$

㉒ $66 + 97$

㉓ $76 + 48$

㉔ $89 + 32$

자기 점수에 ○표 하세요

맞힌 개수	16개 이하	17~20개	21~22개	23~24개
학습 방법	개념을 다시 공부하세요.	조금 더 노력하세요.	실수하면 안 돼요.	참 잘했어요.

(두 자리 수)+(두 자리 수) (2)

월 일
분 초
/16

정답 12쪽

✎ 덧셈을 하세요.

❶ 67+48

❷ 47+85

❸ 68+62

❹ 84+57

❺ 54+86

❻ 62+59

❼ 74+38

❽ 48+78

❾ 79+85

❿ 54+79

⓫ 68+84

⓬ 85+59

⓭ 89+98

⓮ 92+19

⓯ 95+86

⓰ 82+68

자기 점수에 ○표 하세요

맞힌 개수	8개 이하	9~12개	13~14개	15~16개
학습 방법	개념을 다시 공부하세요.	조금 더 노력 하세요.	실수하면 안 돼요.	참 잘했어요.

(두 자리 수)+(두 자리 수) (2)

월	일
분	초
	/24

덧셈을 하세요.

❶ 73 + 58 =

❷ 44 + 76 =

❸ 87 + 98 =

❹ 39 + 79 =

❺ 97 + 69 =

❻ 78 + 77 =

❼ 83 + 67 =

❽ 66 + 45 =

❾ 47 + 85 =

❿ 56 + 97 =

⓫ 94 + 46 =

⓬ 48 + 65 =

⓭ 76 + 48 =

⓮ 53 + 98 =

⓯ 57 + 85 =

⓰ 87 + 49 =

⓱ 75 + 29 =

⓲ 52 + 58 =

⓳ 15 + 88 =

⓴ 89 + 92 =

㉑ 66 + 46 =

㉒ 79 + 93 =

㉓ 76 + 84 =

㉔ 69 + 31 =

자기 점수에 ○표 하세요

맞힌 개수	16개 이하	17~20개	21~22개	23~24개
학습 방법	개념을 다시 공부하세요.	조금 더 노력 하세요.	실수하면 안 돼요.	참 잘했어요.

(두 자리 수)+(두 자리 수) (2)

월	일
분	초
	/16

정답 13쪽

덧셈을 하세요.

❶ 68+44

❷ 78+84

❸ 55+98

❹ 88+68

❺ 94+26

❻ 88+19

❼ 38+97

❽ 58+46

❾ 28+82

❿ 77+69

⓫ 68+86

⓬ 94+49

⓭ 83+97

⓮ 19+89

⓯ 45+69

⓰ 63+67

자기 점수에 ○표 하세요

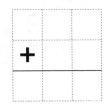

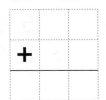

맞힌 개수	8개 이하	9~12개	13~14개	15~16개
학습 방법	개념을 다시 공부하세요.	조금 더 노력하세요.	실수하면 안 돼요.	참 잘했어요.

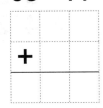

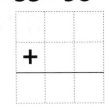

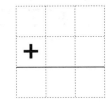

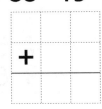

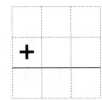

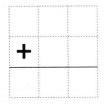

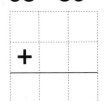

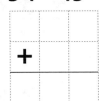

3일차 A형

(두 자리 수)+(두 자리 수)(2)

월	일
분	초
	/24

덧셈을 하세요.

❶ $88+75=$

❷ $67+85=$

❸ $32+69=$

❹ $58+42=$

❺ $68+56=$

❻ $88+37=$

❼ $73+69=$

❽ $89+62=$

❾ $83+87=$

❿ $56+77=$

⓫ $76+36=$

⓬ $98+94=$

⓭ $76+38=$

⓮ $59+98=$

⓯ $97+25=$

⓰ $65+69=$

⓱ $38+92=$

⓲ $59+46=$

⓳ $47+69=$

⓴ $48+72=$

㉑ $56+89=$

㉒ $76+28=$

㉓ $97+78=$

㉔ $69+96=$

자기 점수에 ○표 하세요

맞힌 개수	16개 이하	17~20개	21~22개	23~24개
학습 방법	개념을 다시 공부하세요.	조금 더 노력하세요.	실수하면 안 돼요.	참 잘했어요.

(두 자리 수)+(두 자리 수) (2)

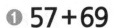

월	일
분	초
	/16

정답 14쪽

덧셈을 하세요.

❶ 57+69

❷ 75+96

❸ 64+68

❹ 84+69

❺ 97+89

❻ 45+75

❼ 87+48

❽ 68+57

❾ 58+54

❿ 58+65

⓫ 67+34

⓬ 73+87

⓭ 49+97

⓮ 96+18

⓯ 88+79

⓰ 32+68

자기 점수에 ○표 하세요

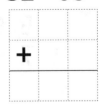

맞힌 개수	8개 이하	9~12개	13~14개	15~16개
학습 방법	개념을 다시 공부하세요.	조금 더 노력 하세요.	실수하면 안 돼요.	참 잘했어요.

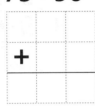

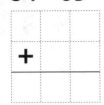

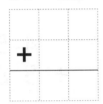

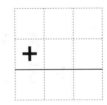

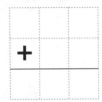

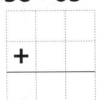

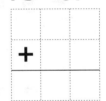

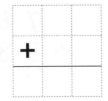

(두 자리 수)+(두 자리 수) (2)

월	일
분	초
	/24

✎ 덧셈을 하세요.

❶ $88 + 32$

❷ $56 + 49$

❸ $97 + 36$

❹ $86 + 58$

❺ $66 + 77$

❻ $68 + 97$

❼ $59 + 52$

❽ $36 + 96$

❾ $49 + 75$

❿ $65 + 37$

⓫ $58 + 83$

⓬ $45 + 58$

⓭ $76 + 94$

⓮ $42 + 68$

⓯ $57 + 49$

⓰ $83 + 68$

⓱ $77 + 99$

⓲ $54 + 88$

⓳ $57 + 68$

⓴ $65 + 87$

㉑ $56 + 79$

㉒ $68 + 87$

㉓ $76 + 38$

㉔ $89 + 67$

자기 점수에 ○표 하세요

맞힌 개수	16개 이하	17~20개	21~22개	23~24개
학습 방법	개념을 다시 공부하세요.	조금 더 노력하세요.	실수하면 안 돼요.	참 잘했어요.

(두 자리 수)+(두 자리 수) (2)

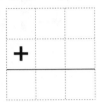

월 일
분 초
/16

정답 15쪽

덧셈을 하세요.

❶ 68+94

❷ 87+94

❸ 99+72

❹ 84+66

❺ 54+59

❻ 68+77

❼ 74+38

❽ 79+67

❾ 39+85

❿ 58+76

⓫ 69+85

⓬ 49+94

⓭ 59+69

⓮ 92+38

⓯ 57+83

⓰ 89+75

자기 점수에 ○표 하세요

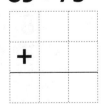

맞힌 개수	8개 이하	9~12개	13~14개	15~16개
학습 방법	개념을 다시 공부하세요.	조금 더 노력하세요.	실수하면 안 돼요.	참 잘했어요.

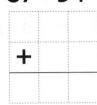

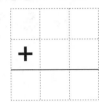

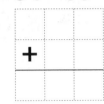

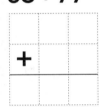

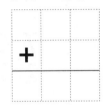

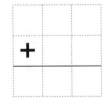

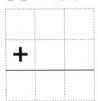

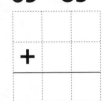

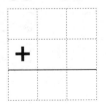

(두 자리 수)+(두 자리 수) (2)

월 일
분 초
/24

덧셈을 하세요.

❶ $76 + 88 =$

❷ $49 + 81 =$

❸ $96 + 67 =$

❹ $88 + 56 =$

❺ $97 + 53 =$

❻ $48 + 57 =$

❼ $59 + 62 =$

❽ $86 + 36 =$

❾ $46 + 87 =$

❿ $76 + 27 =$

⓫ $36 + 76 =$

⓬ $48 + 95 =$

⓭ $76 + 97 =$

⓮ $57 + 59 =$

⓯ $67 + 35 =$

⓰ $85 + 69 =$

⓱ $78 + 93 =$

⓲ $56 + 48 =$

⓳ $49 + 83 =$

⓴ $58 + 95 =$

㉑ $86 + 75 =$

㉒ $68 + 74 =$

㉓ $96 + 97 =$

㉔ $89 + 52 =$

자기 점수에 ○표 하세요

맞힌 개수	16개 이하	17~20개	21~22개	23~24개
학습 방법	개념을 다시 공부하세요.	조금 더 노력 하세요.	실수하면 안 돼요.	참 잘했어요.

(두 자리 수)+(두 자리 수) (2)

월 일
분 초
/16

정답 16쪽

덧셈을 하세요.

❶ 68+44

❷ 78+84

❸ 55+98

❹ 88+68

❺ 52+89

❻ 96+75

❼ 93+39

❽ 77+58

❾ 48+54

❿ 58+65

⓫ 67+34

⓬ 73+87

⓭ 78+46

⓮ 79+93

⓯ 76+66

⓰ 69+31

자기 점수에 ○표 하세요

맞힌 개수	8개 이하	9~12개	13~14개	15~16개
학습 방법	개념을 다시 공부하세요.	조금 더 노력 하세요.	실수하면 안 돼요.	참 잘했어요.

세 단계 묶어 풀기 021 ~ 023단계
받아올림이 있는 덧셈

월 일
분 초
/21

정답 17쪽

계산을 하세요.

❶ 59+3=　❷ 67+7=　❸ 78+5=

❹ 84+9=　❺ 95+8=　❻ 22+8=

❼ 19+4=　❽ 35+9=　❾ 43+7=

❿ 53+27　⓫ 27+28　⓬ 75+16　⓭ 31+39

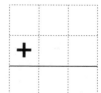

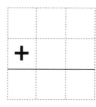

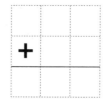

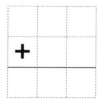

⓮ 72+53　⓯ 94+41　⓰ 85+93　⓱ 61+57

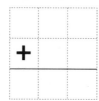

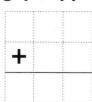

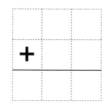

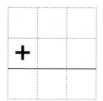

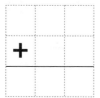

⓲ 84+48　⓳ 45+97　⓴ 84+57　㉑ 54+96

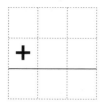

창의력 쑥쑥! 수학 퀴즈

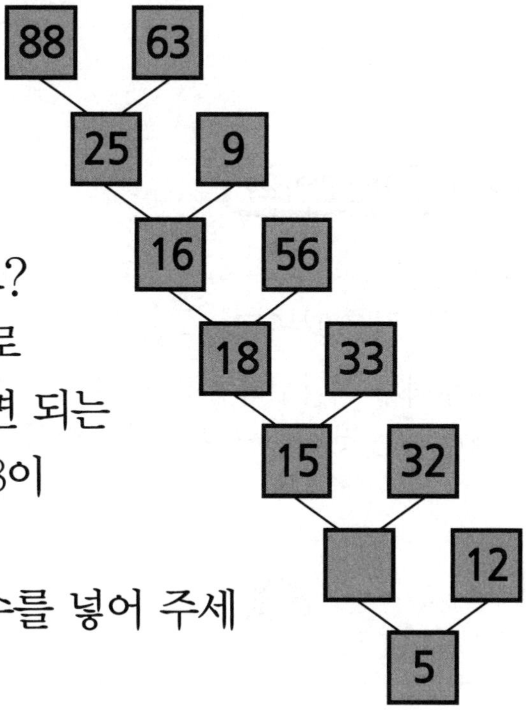

오른쪽 그림을 보면 여러 개 수들이 나열되어 있습니다. 어떤 규칙에 따라 이 수들이 나온 걸까요? 88과 63으로 25가 나오고, 25와 9로 16이 나오네요. 두 수의 차를 구하면 되는 걸까요? 음, 그런데 16과 56으로 18이 나오는 걸 보면 아닌 것 같아요. 바른 규칙을 찾아 빈칸에 알맞은 수를 넣어 주세요.

답 처음 88에서 63을 빼면 25가 나오고, 25에서 9를 빼면 16이 나옵니다. 여기까지 보면 왼쪽 수에서 오른쪽 수를 뺀 것이 아래 수가 되는 규칙이라고 생각할 수 있습니다. 그런데 16에서 56을 뺄 수가 없으니 올바른 규칙이 아닙니다. 뭔가 다른 규칙을 찾아보아야겠지요? 다시 처음으로 돌아가서 88과 63으로 25가 나올 수 있는 규칙을 찾아봅시다. 왼쪽 수와 오른쪽 수의 각 자리 수를 모두 더해 봅시다. 즉, 첫 번째는 8+8+6+3=25이고, 두 번째는 2+5+9=16, 세 번째는 1+6+5+6=18입니다. 바로 이게 규칙이군요! 이 규칙을 적용해 보면 빈칸에 들어갈 수는 1+5+3+2=11입니다.

024 단계 (두 자리 수)-(한 자리 수)

◆스스로 학습 관리표◆

- 매일 맞힌 개수를 적고, 걸린 시간만큼 색칠해 보세요.
  (눈금 1칸은 1분이며, 초는 표의 상단에 적으세요.)
- 하루하루 지날수록 실력이 자라고, 계산 속도가 빨라지는 것을 눈으로 직접 확인할 수 있습니다.

A

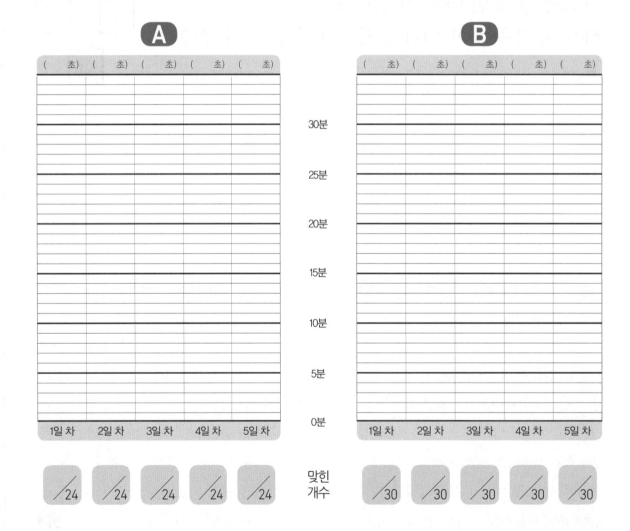

(초)	(초)	(초)	(초)	(초)	
					30분
					25분
					20분
					15분
					10분
					5분
					0분
1일 차	2일 차	3일 차	4일 차	5일 차	
/24	/24	/24	/24	/24	맞힌 개수

B

(초)	(초)	(초)	(초)	(초)	
					30분
					25분
					20분
					15분
					10분
					5분
					0분
1일 차	2일 차	3일 차	4일 차	5일 차	
/30	/30	/30	/30	/30	맞힌 개수

개념 포인트

(두 자리 수)−(한 자리 수)

일의 자리끼리 뺄 수 있는지 먼저 확인한 다음 계산을 합니다.
뺄 수 없으면 십의 자리에서 받아내림을 해서 계산을 합니다.

①

	4	3
−		8

일의 자리
3에서 8을 뺄 수 없어요.

②

	3	10
	~~4~~	3
−		8
		5

10+3−8=5
(형님, 도와줘!)

③

	3	
	~~4~~	3
−		8
	3	5

3−0=3

예시

세로셈

	3	10
	~~4~~	3
−		8
	3	5

가로셈 43 − 8 = 35

받아내림을 연습하는 단계입니다. 많은 아이들이 받아내림을 한 후 십의 자리 수에서 1을 뺀 수를 적어야 하는데 그대로 적습니다. 받아내림의 원리를 제대로 이해하지 못하고 기계적으로 풀 때 나타나는 현상입니다. 동생을 도와주다 보니 형님 것이 하나 줄어든다고 이야기로 풀어 설명하면 이해가 빠릅니다.

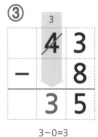

1일차 A형

(두 자리 수)−(한 자리 수)

월 일
분 초
/24

뺄셈을 하세요.

❶ $34 - 7$

❷ $53 - 9$

❸ $72 - 7$

❹ $90 - 7$

❺ $64 - 6$

❻ $45 - 8$

❼ $85 - 7$

❽ $22 - 8$

❾ $51 - 9$

❿ $64 - 9$

⓫ $42 - 9$

⓬ $94 - 7$

⓭ $82 - 6$

⓮ $71 - 8$

⓯ $24 - 7$

⓰ $35 - 7$

⓱ $63 - 7$

⓲ $92 - 6$

⓳ $44 - 8$

⓴ $25 - 6$

㉑ $51 - 4$

㉒ $63 - 6$

㉓ $82 - 9$

㉔ $71 - 9$

자기 점수에 ○표 하세요

맞힌 개수	16개 이하	17~20개	21~22개	23~24개
학습 방법	개념을 다시 공부하세요.	조금 더 노력 하세요.	실수하면 안 돼요.	참 잘했어요.

(두 자리 수)－(한 자리 수)

월	일
분	초
	/30

정답 18쪽

일의 자리끼리 뺄 수 있는지 먼저 확인하기!

뺄셈을 하세요.

❶ 23－8＝　❷ 53－8＝　❸ 92－9＝

❹ 34－7＝　❺ 65－7＝　❻ 16－8＝

❼ 48－9＝　❽ 75－8＝　❾ 25－7＝

❿ 56－8＝　⓫ 84－9＝　⓬ 34－8＝

⓭ 60－7＝　⓮ 95－8＝　⓯ 43－9＝

⓰ 74－8＝　⓱ 22－8＝　⓲ 57－8＝

⓳ 84－6＝　⓴ 14－9＝　㉑ 61－9＝

㉒ 93－8＝　㉓ 35－7＝　㉔ 75－7＝

㉕ 21－8＝　㉖ 41－6＝　㉗ 84－8＝

㉘ 13－7＝　㉙ 52－8＝　㉚ 93－7＝

자기 점수에 ○표 하세요

맞힌 개수	20개 이하	21~25개	26~28개	29~30개
학습 방법	개념을 다시 공부하세요.	조금 더 노력하세요.	실수하면 안 돼요.	참 잘했어요.

2일차 A형

(두 자리 수)−(한 자리 수)

월 일
분 초
/24

✎ 뺄셈을 하세요.

1. $85 - 6$
2. $23 - 7$
3. $70 - 8$
4. $63 - 9$
5. $64 - 5$
6. $55 - 7$
7. $45 - 9$
8. $72 - 8$
9. $50 - 4$
10. $64 - 6$
11. $32 - 9$
12. $24 - 7$
13. $62 - 6$
14. $11 - 7$
15. $34 - 8$
16. $85 - 9$
17. $93 - 5$
18. $92 - 3$
19. $74 - 6$
20. $45 - 7$
21. $41 - 4$
22. $23 - 8$
23. $62 - 9$
24. $31 - 3$

자기 점수에 ○표 하세요

맞힌 개수	16개 이하	17~20개	21~22개	23~24개
학습 방법	개념을 다시 공부하세요.	조금 더 노력 하세요.	실수하면 안 돼요.	참 잘했어요.

2일차 B형

(두 자리 수)-(한 자리 수)

월	일
분	초
	/30

정답 19쪽

✎ 뺄셈을 하세요.

① 53−7=　② 36−8=　③ 63−9=

④ 44−6=　⑤ 25−6=　⑥ 55−7=

⑦ 47−7=　⑧ 75−6=　⑨ 88−8=

⑩ 38−9=　⑪ 67−8=　⑫ 83−9=

⑬ 42−8=　⑭ 45−8=　⑮ 87−9=

⑯ 31−8=　⑰ 54−7=　⑱ 61−9=

⑲ 74−6=　⑳ 31−5=　㉑ 26−8=

㉒ 41−8=　㉓ 12−8=　㉔ 96−7=

㉕ 73−9=　㉖ 63−6=　㉗ 22−6=

㉘ 33−6=　㉙ 82−5=　㉚ 56−7=

자기 점수에 ○표 하세요

맞힌 개수	20개 이하	21~25개	26~28개	29~30개
학습 방법	개념을 다시 공부하세요.	조금 더 노력하세요.	실수하면 안 돼요.	참 잘했어요.

(두 자리 수)-(한 자리 수)

월 일
분 초
/24

빼셈을 하세요.

❶ 81 − 6 =

❷ 22 − 7 =

❸ 73 − 8 =

❹ 64 − 9 =

❺ 35 − 9 =

❻ 56 − 7 =

❼ 47 − 9 =

❽ 76 − 9 =

❾ 51 − 4 =

❿ 62 − 6 =

⓫ 83 − 9 =

⓬ 20 − 7 =

⓭ 64 − 6 =

⓮ 14 − 7 =

⓯ 32 − 8 =

⓰ 51 − 9 =

⓱ 53 − 7 =

⓲ 92 − 3 =

⓳ 73 − 4 =

⓴ 41 − 7 =

㉑ 44 − 5 =

㉒ 26 − 8 =

㉓ 62 − 9 =

㉔ 32 − 3 =

자기 점수에 ○표 하세요

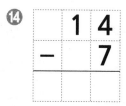

맞힌 개수	16개 이하	17~20개	21~22개	23~24개
학습 방법	개념을 다시 공부하세요.	조금 더 노력하세요.	실수하면 안 돼요.	참 잘했어요.

(두 자리 수)-(한 자리 수)

월	일
분	초
	/30

정답 20쪽

빨셈을 하세요.

① 61-4=
② 88-9=
③ 71-4=
④ 80-6=
⑤ 94-7=
⑥ 21-7=
⑦ 53-7=
⑧ 27-8=
⑨ 52-5=
⑩ 60-4=
⑪ 31-8=
⑫ 42-6=
⑬ 92-7=
⑭ 15-6=
⑮ 24-6=
⑯ 43-9=
⑰ 32-8=
⑱ 53-8=
⑲ 84-6=
⑳ 46-9=
㉑ 92-8=
㉒ 32-7=
㉓ 63-4=
㉔ 75-7=
㉕ 70-8=
㉖ 56-8=
㉗ 84-8=
㉘ 43-4=
㉙ 71-5=
㉚ 93-7=

자기 점수에 ○표 하세요

맞힌 개수	20개 이하	21~25개	26~28개	29~30개
학습 방법	개념을 다시 공부하세요.	조금 더 노력 하세요.	실수하면 안 돼요.	참 잘했어요.

4일차 A형

(두 자리 수)-(한 자리 수)

월 일
분 초
/24

✎ 뺄셈을 하세요.

❶ $96 - 9$	❷ $21 - 3$	❸ $37 - 8$	❹ $60 - 4$
❺ $42 - 8$	❻ $55 - 6$	❼ $61 - 2$	❽ $73 - 9$
❾ $80 - 5$	❿ $74 - 8$	⓫ $37 - 9$	⓬ $40 - 8$
⓭ $56 - 8$	⓮ $85 - 7$	⓯ $25 - 9$	⓰ $94 - 7$
⓱ $50 - 4$	⓲ $71 - 6$	⓳ $91 - 8$	⓴ $25 - 6$
㉑ $51 - 4$	㉒ $94 - 6$	㉓ $82 - 8$	㉔ $71 - 9$

자기 점수에 ○표 하세요

맞힌 개수	16개 이하	17~20개	21~22개	23~24개
학습 방법	개념을 다시 공부하세요.	조금 더 노력하세요.	실수하면 안 돼요.	참 잘했어요.

(두 자리 수)-(한 자리 수)

월	일
분	초
	/30

정답 21쪽

빼셈을 하세요.

❶ 55-6=　❷ 41-4=　❸ 34-8=

❹ 31-7=　❺ 62-6=　❻ 76-9=

❼ 60-8=　❽ 42-6=　❾ 51-6=

❿ 94-7=　⓫ 13-8=　⓬ 86-9=

⓭ 73-5=　⓮ 43-8=　⓯ 28-9=

⓰ 35-6=　⓱ 24-9=　⓲ 62-8=

⓳ 16-7=　⓴ 23-7=　㉑ 57-9=

㉒ 84-9=　㉓ 73-7=　㉔ 52-6=

㉕ 25-8=　㉖ 84-8=　㉗ 85-6=

㉘ 35-7=　㉙ 90-4=　㉚ 62-5=

자기 점수에 ○표 하세요

맞힌 개수	20개 이하	21~25개	26~28개	29~30개
학습 방법	개념을 다시 공부하세요.	조금 더 노력하세요.	실수하면 안 돼요.	참 잘했어요.

(두 자리 수)－(한 자리 수)

월 일
분 초
/24

✎ 뺄셈을 하세요.

❶ 42 − 6 =

❷ 33 − 6 =

❸ 95 − 6 =

❹ 40 − 5 =

❺ 91 − 7 =

❻ 22 − 7 =

❼ 63 − 4 =

❽ 22 − 8 =

❾ 85 − 6 =

❿ 37 − 9 =

⓫ 54 − 6 =

⓬ 24 − 7 =

⓭ 42 − 4 =

⓮ 61 − 8 =

⓯ 74 − 9 =

⓰ 33 − 7 =

⓱ 85 − 7 =

⓲ 53 − 6 =

⓳ 85 − 9 =

⓴ 25 − 6 =

㉑ 64 − 8 =

㉒ 52 − 8 =

㉓ 23 − 7 =

㉔ 73 − 9 =

자기 점수에 ○표 하세요

맞힌 개수	16개 이하	17~20개	21~22개	23~24개
학습 방법	개념을 다시 공부하세요.	조금 더 노력하세요.	실수하면 안 돼요.	참 잘했어요.

(두 자리 수)-(한 자리 수)

월 일
분 초
/30

정답 22쪽

빨셈을 하세요.

① 20−3=	② 65−9=	③ 35−7=
④ 43−7=	⑤ 81−4=	⑥ 26−8=
⑦ 40−9=	⑧ 74−8=	⑨ 57−9=
⑩ 91−9=	⑪ 21−6=	⑫ 34−8=
⑬ 65−7=	⑭ 95−8=	⑮ 51−6=
⑯ 72−8=	⑰ 33−8=	⑱ 60−8=
⑲ 31−2=	⑳ 20−9=	㉑ 64−7=
㉒ 92−9=	㉓ 51−5=	㉔ 73−8=
㉕ 82−7=	㉖ 41−2=	㉗ 84−8=
㉘ 94−6=	㉙ 44−9=	㉚ 93−7=

자기 점수에 ○표 하세요

맞힌 개수	20개 이하	21~25개	26~28개	29~30개
학습 방법	개념을 다시 공부하세요.	조금 더 노력 하세요.	실수하면 안 돼요.	참 잘했어요.

025 단계 (몇십)-(두 자리 수)

◆스스로 학습 관리표◆

- 매일 맞힌 개수를 적고, 걸린 시간만큼 색칠해 보세요.
  (눈금 1칸은 1분이며, 초는 표의 상단에 적으세요.)
- 하루하루 지날수록 실력이 자라고, 계산 속도가
  빨라지는 것을 눈으로 직접 확인할 수 있습니다.

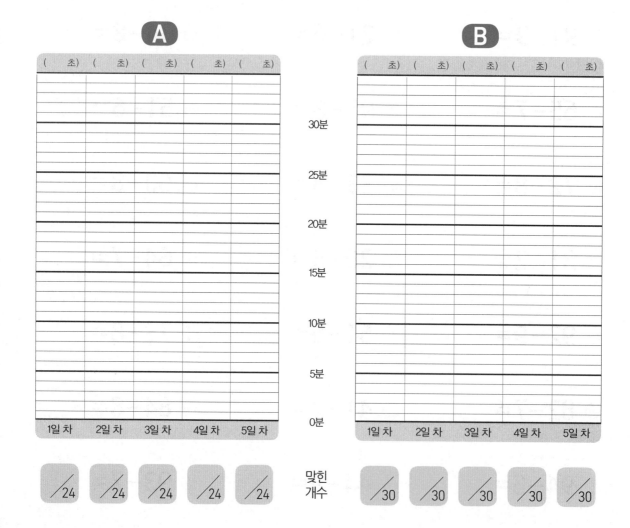

A

1일 차	2일 차	3일 차	4일 차	5일 차
(초)	(초)	(초)	(초)	(초)
/24	/24	/24	/24	/24

30분
25분
20분
15분
10분
5분
0분

맞힌 개수

B

1일 차	2일 차	3일 차	4일 차	5일 차
(초)	(초)	(초)	(초)	(초)
/30	/30	/30	/30	/30

·개념 포인트·

(몇십)−(두 자리 수)

앞의 단계에서 받아내림이 있는 (두 자리 수)−(한 자리 수)를 계산했습니다. 이제는 (몇십)−(두 자리 수) 계산을 해 보도록 합니다.

50−17을 계산해 볼까요?

①

	5	0
−	1	7

일의 자리끼리 뺄 수 없어요.

②

	4	10
	~~5~~	0
−	1	7
	3	3

십의 자리에서 1을 가져옵니다.
십의 자리: 4-1=3
일의 자리: 10+0−7=3

혼자서는 뺄 수 없는 일의 자리 '동생'이 십의 자리 '형님'에게 도움을 청해서 일의 자리에는 10이 더 생기고, 십의 자리는 1만큼 줄어듭니다.

예시

가로셈

30 − 18 = 12

10+(20−18)

세로셈

	2	10
	~~3~~	0
−	1	8
	1	2

일의 자리끼리
뺄 수 없을 때는
받아내림을 해.

지도 도우미

앞 단계에서는 (두 자리 수)−(한 자리 수)이므로 십의 자리는 받아내림을 한 후 1이 줄어든 만큼을 그대로 십의 자리에 쓰면 되었습니다. 이번 단계는 (몇십)−(두 자리 수)이므로 반드시 받아내림을 한 후 1이 줄어든 십의 자리와 두 자리 수의 십의 자리끼리 계산을 해야 한다는 것을 강조해 주세요. 또한 세로셈을 할 때, 받아내림하는 작은 숫자도 알아보기 쉽게 또박또박 쓰도록 지도해 주세요.

1일차 A형

(몇십)−(두 자리 수)

월	일
분	초
	/24

✎ 뺄셈을 하세요.

❶ $30 - 17$

❷ $50 - 38$

❸ $70 - 23$

❹ $90 - 57$

❺ $60 - 34$

❻ $40 - 19$

❼ $80 - 35$

❽ $20 - 14$

❾ $50 - 31$

❿ $60 - 29$

⓫ $90 - 12$

⓬ $40 - 26$

⓭ $80 - 57$

⓮ $70 - 55$

⓯ $80 - 23$

⓰ $90 - 18$

⓱ $60 - 43$

⓲ $90 - 66$

⓳ $70 - 24$

⓴ $80 - 15$

㉑ $90 - 14$

㉒ $50 - 42$

㉓ $80 - 22$

㉔ $70 - 41$

자기 점수에 ○표 하세요

맞힌 개수	16개 이하	17~20개	21~22개	23~24개
학습 방법	개념을 다시 공부하세요.	조금 더 노력하세요.	실수하면 안 돼요.	참 잘했어요.

1일차 B형

(몇십)-(두 자리 수)

월 일
분 초
/30

정답 23쪽

뺄셈을 하세요.

❶ 40−13=　❷ 50−29=　❸ 90−57=

❹ 30−27=　❺ 60−37=　❻ 80−46=

❼ 90−29=　❽ 70−48=　❾ 50−39=

❿ 50−18=　⓫ 80−64=　⓬ 40−15=

⓭ 60−25=　⓮ 90−35=　⓯ 90−23=

⓰ 70−44=　⓱ 20−12=　⓲ 30−11=

⓳ 80−16=　⓴ 90−39=　㉑ 60−22=

㉒ 90−42=　㉓ 70−13=　㉔ 70−55=

㉕ 80−31=　㉖ 40−28=　㉗ 50−36=

㉘ 90−43=　㉙ 50−11=　㉚ 90−19=

자기 점수에 ○표 하세요

맞힌 개수	20개 이하	21~25개	26~28개	29~30개
학습 방법	개념을 다시 공부하세요.	조금 더 노력하세요.	실수하면 안 돼요.	참 잘했어요.

2일차 A형

(몇십)－(두 자리 수)

월 일
분 초
/24

빨셈을 하세요.

❶ 70 − 53 =

❷ 80 − 16 =

❸ 70 − 21 =

❹ 40 − 39 =

❺ 80 − 55 =

❻ 60 − 16 =

❼ 50 − 27 =

❽ 90 − 78 =

❾ 50 − 16 =

❿ 90 − 22 =

⓫ 40 − 14 =

⓬ 80 − 33 =

⓭ 40 − 21 =

⓮ 30 − 14 =

⓯ 90 − 63 =

⓰ 30 − 23 =

⓱ 50 − 18 =

⓲ 80 − 37 =

⓳ 70 − 16 =

⓴ 90 − 11 =

㉑ 80 − 29 =

㉒ 20 − 12 =

㉓ 70 − 34 =

㉔ 40 − 25 =

자기 점수에 ○표 하세요

맞힌 개수	16개 이하	17~20개	21~22개	23~24개
학습 방법	개념을 다시 공부하세요.	조금 더 노력 하세요.	실수하면 안 돼요.	참 잘했어요.

(몇십)－(두 자리 수)

월 일
분 초
/30

정답 24쪽

✎ 뺄셈을 하세요.

❶ 60－29=	❷ 30－16=	❸ 50－23=
❹ 50－32=	❺ 80－55=	❻ 90－16=
❼ 80－18=	❽ 70－36=	❾ 90－47=
❿ 70－29=	⓫ 60－57=	⓬ 70－19=
⓭ 80－27=	⓮ 90－15=	⓯ 70－33=
⓰ 90－69=	⓱ 50－26=	⓲ 80－35=
⓳ 40－18=	⓴ 30－15=	㉑ 50－25=
㉒ 50－37=	㉓ 90－48=	㉔ 40－38=
㉕ 70－42=	㉖ 60－22=	㉗ 90－14=
㉘ 90－26=	㉙ 80－31=	㉚ 30－14=

자기 점수에 ○표 하세요

맞힌 개수	20개 이하	21~25개	26~28개	29~30개
학습 방법	개념을 다시 공부하세요.	조금 더 노력하세요.	실수하면 안 돼요.	참 잘했어요.

(몇십)−(두 자리 수)

월 일
분 초
/24

✎ 뺄셈을 하세요.

❶ $50 - 36$

❷ $70 - 17$

❸ $90 - 58$

❹ $60 - 18$

❺ $80 - 25$

❻ $90 - 18$

❼ $60 - 33$

❽ $80 - 68$

❾ $30 - 14$

❿ $70 - 36$

⓫ $90 - 29$

⓬ $50 - 27$

⓭ $90 - 16$

⓮ $20 - 13$

⓯ $60 - 38$

⓰ $40 - 19$

⓱ $70 - 14$

⓲ $40 - 23$

⓳ $50 - 24$

⓴ $80 - 47$

㉑ $80 - 34$

㉒ $90 - 52$

㉓ $70 - 29$

㉔ $60 - 13$

자기 점수에 ○표 하세요

맞힌 개수	16개 이하	17~20개	21~22개	23~24개
학습 방법	개념을 다시 공부하세요.	조금 더 노력 하세요.	실수하면 안 돼요.	참 잘했어요.

(몇십)−(두 자리 수)

월 일
분 초
/30

정답 25쪽

빨셈을 하세요.

① $90-73=$	② $80-26=$	③ $70-49=$
④ $40-17=$	⑤ $50-34=$	⑥ $90-28=$
⑦ $30-12=$	⑧ $80-65=$	⑨ $70-38=$
⑩ $40-28=$	⑪ $30-16=$	⑫ $90-49=$
⑬ $80-33=$	⑭ $60-24=$	⑮ $70-65=$
⑯ $80-47=$	⑰ $90-35=$	⑱ $80-12=$
⑲ $80-14=$	⑳ $60-14=$	㉑ $40-39=$
㉒ $70-57=$	㉓ $60-31=$	㉔ $90-38=$
㉕ $80-54=$	㉖ $90-16=$	㉗ $70-45=$
㉘ $40-36=$	㉙ $60-17=$	㉚ $90-21=$

자기 점수에 ○표 하세요

맞힌 개수	20개 이하	21~25개	26~28개	29~30개
학습 방법	개념을 다시 공부하세요.	조금 더 노력 하세요.	실수하면 안 돼요.	참 잘했어요.

4일차 A형

(몇십)−(두 자리 수)

월 일
분 초
/24

✎ 뺄셈을 하세요.

❶ $80 - 26 =$

❷ $90 - 43 =$

❸ $70 - 18 =$

❹ $60 - 29 =$

❺ $60 - 15 =$

❻ $50 - 35 =$

❼ $90 - 19 =$

❽ $70 - 33 =$

❾ $50 - 24 =$

❿ $60 - 16 =$

⓫ $30 - 29 =$

⓬ $80 - 17 =$

⓭ $90 - 37 =$

⓮ $40 - 17 =$

⓯ $70 - 38 =$

⓰ $50 - 25 =$

⓱ $50 - 17 =$

⓲ $90 - 23 =$

⓳ $70 - 54 =$

⓴ $40 - 27 =$

㉑ $40 - 34 =$

㉒ $80 - 18 =$

㉓ $60 - 24 =$

㉔ $30 - 13 =$

자기 점수에 ○표 하세요

맞힌 개수	16개 이하	17~20개	21~22개	23~24개
학습 방법	개념을 다시 공부하세요.	조금 더 노력하세요.	실수하면 안 돼요.	참 잘했어요.

(몇십)−(두 자리 수)

월	일
분	초
	/30

정답 26쪽

✎ 뺄셈을 하세요.

❶ 40−28=

❷ 90−52=

❸ 30−12=

❹ 50−39=

❺ 90−17=

❻ 80−66=

❼ 70−46=

❽ 30−11=

❾ 20−15=

❿ 80−26=

⓫ 70−35=

⓬ 90−14=

⓭ 60−24=

⓮ 50−19=

⓯ 20−12=

⓰ 80−13=

⓱ 70−47=

⓲ 80−34=

⓳ 90−22=

⓴ 90−64=

㉑ 80−23=

㉒ 70−41=

㉓ 60−33=

㉔ 90−15=

㉕ 30−29=

㉖ 80−28=

㉗ 60−16=

㉘ 50−37=

㉙ 70−42=

㉚ 90−57=

자기 점수에 ○표 하세요

맞힌 개수	20개 이하	21~25개	26~28개	29~30개
학습 방법	개념을 다시 공부하세요.	조금 더 노력하세요.	실수하면 안 돼요.	참 잘했어요.

5일차 A형

(몇십)−(두 자리 수)

월 일
분 초
/24

✎ 뺄셈을 하세요.

❶ 90 − 79 =

❷ 80 − 33 =

❸ 50 − 28 =

❹ 70 − 14 =

❺ 80 − 28 =

❻ 50 − 36 =

❼ 60 − 22 =

❽ 90 − 13 =

❾ 80 − 15 =

❿ 70 − 35 =

⓫ 90 − 59 =

⓬ 40 − 25 =

⓭ 50 − 22 =

⓮ 70 − 57 =

⓯ 40 − 39 =

⓰ 90 − 47 =

⓱ 50 − 34 =

⓲ 70 − 26 =

⓳ 80 − 57 =

⓴ 90 − 36 =

㉑ 50 − 43 =

㉒ 90 − 66 =

㉓ 80 − 38 =

㉔ 90 − 19 =

자기 점수에 ○표 하세요

맞힌 개수	16개 이하	17~20개	21~22개	23~24개
학습 방법	개념을 다시 공부하세요.	조금 더 노력 하세요.	실수하면 안 돼요.	참 잘했어요.

(몇십)-(두 자리 수)

월	일
분	초
	/30

정답 27쪽

빼셈을 하세요.

❶ 60−24=	❷ 80−39=	❸ 70−54=
❹ 80−52=	❺ 90−32=	❻ 60−47=
❼ 50−17=	❽ 90−28=	❾ 70−25=
❿ 90−34=	⓫ 30−18=	⓬ 40−26=
⓭ 90−22=	⓮ 70−27=	⓯ 80−46=
⓰ 40−18=	⓱ 60−35=	⓲ 90−25=
⓳ 80−56=	⓴ 50−19=	㉑ 70−59=
㉒ 30−12=	㉓ 90−64=	㉔ 70−16=
㉕ 70−38=	㉖ 80−38=	㉗ 80−28=
㉘ 20−14=	㉙ 50−13=	㉚ 90−37=

자기 점수에 ○표 하세요

맞힌 개수	20개 이하	21~25개	26~28개	29~30개
학습 방법	개념을 다시 공부하세요.	조금 더 노력 하세요.	실수하면 안 돼요.	참 잘했어요.

026 단계 (두 자리 수)-(두 자리 수)

◆스스로 학습 관리표◆

- 매일 맞힌 개수를 적고, 걸린 시간만큼 색칠해 보세요. (눈금 1칸은 1분이며, 초는 표의 상단에 적으세요.)
- 하루하루 지날수록 실력이 자라고, 계산 속도가 빨라지는 것을 눈으로 직접 확인할 수 있습니다.

A

1일 차	2일 차	3일 차	4일 차	5일 차
(　　초)	(　　초)	(　　초)	(　　초)	(　　초)
/24	/24	/24	/24	/24

B

1일 차	2일 차	3일 차	4일 차	5일 차
(　　초)	(　　초)	(　　초)	(　　초)	(　　초)
/16	/16	/16	/16	/16

30분 25분 20분 15분 10분 5분 0분

맞힌 개수

◆개념 포인트◆

십의 자리에서 일의 자리로 받아내림이 있는 뺄셈

계산하는 순서는 두 자리 수의 덧셈과 마찬가지입니다.

(1) 일의 자리부터 계산한 다음, 십의 자리 계산을 해 줍니다.

(2) 일의 자리 수끼리 계산할 수 없으면 십의 자리에서 10을 받아내림하여 계산합니다.

① 일의 자리 계산

	5	10
	~~6~~	7
−	4	8
		9

받아내림!

17−8=9

② 십의 자리 계산

	5	10
	~~6~~	7
−	4	8
	1	9

5−4=1

받아내리고 남은 수에서 뺍니다!

예시

세로셈

	7	10
	~~8~~	5
−	4	8
	3	7

가로셈 **63−48**

	5	10
	~~6~~	3
−	4	8
	1	5

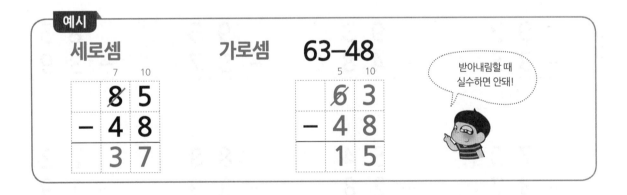

받아내림할 때
실수하면 안돼!

일의 자리끼리 뺄 수 없으면 십의 자리에서 받아내림하는 것을 '형님'인 십의 자리에게 "형님, 도와줘!" 하며 도움을 청하는 것이라고 가르쳐 주세요. 아이들이 재미있게 연습할 수 있을 것입니다.

1일차 A형

(두 자리 수)－(두 자리 수)

월 일
분 초
/24

빨셈을 하세요.

❶	$71 - 34$
❷	$95 - 28$
❸	$41 - 12$
❹	$53 - 34$
❺	$66 - 58$
❻	$73 - 56$
❼	$53 - 26$
❽	$52 - 27$
❾	$45 - 26$
❿	$76 - 27$
⓫	$36 - 18$
⓬	$65 - 18$
⓭	$92 - 35$
⓮	$93 - 48$
⓯	$95 - 37$
⓰	$85 - 39$
⓱	$73 - 37$
⓲	$54 - 28$
⓳	$88 - 39$
⓴	$22 - 19$
㉑	$52 - 19$
㉒	$76 - 17$
㉓	$76 - 48$
㉔	$82 - 14$

자기 점수에 ○표 하세요

맞힌 개수	16개 이하	17~20개	21~22개	23~24개
학습 방법	개념을 다시 공부하세요.	조금 더 노력하세요.	실수하면 안 돼요.	참 잘했어요.

(두 자리 수)-(두 자리 수)

월 일
분 초
/16

정답 28쪽

빨셈을 하세요.

❶ 67−49

❷ 42−29

❸ 62−25

❹ 84−57

❺ 74−36

❻ 62−29

❼ 74−18

❽ 95−27

❾ 44−37

❿ 54−29

⓫ 63−18

⓬ 75−27

⓭ 91−79

⓮ 92−19

⓯ 95−86

⓰ 82−68

자기 점수에 ○표 하세요

맞힌 개수	8개 이하	9~12개	13~14개	15~16개
학습 방법	개념을 다시 공부하세요.	조금 더 노력하세요.	실수하면 안 돼요.	참 잘했어요.

(두 자리 수)−(두 자리 수)

월 일
분 초
/24

✎ 뺄셈을 하세요.

❶ $62 - 35$

❷ $81 - 37$

❸ $51 - 38$

❹ $64 - 35$

❺ $71 - 48$

❻ $85 - 27$

❼ $72 - 34$

❽ $66 - 47$

❾ $55 - 48$

❿ $41 - 35$

⓫ $64 - 28$

⓬ $47 - 38$

⓭ $64 - 18$

⓮ $43 - 27$

⓯ $72 - 16$

⓰ $91 - 57$

⓱ $94 - 15$

⓲ $64 - 56$

⓳ $97 - 38$

⓴ $83 - 19$

㉑ $47 - 29$

㉒ $92 - 39$

㉓ $94 - 47$

㉔ $42 - 16$

자기 점수에 ○표 하세요

맞힌 개수	16개 이하	17~20개	21~22개	23~24개
학습 방법	개념을 다시 공부하세요.	조금 더 노력 하세요.	실수하면 안 돼요.	참 잘했어요.

2일차 B형

(두 자리 수)−(두 자리 수)

월	일
분	초
	/16

정답 29쪽

빼셈을 하세요.

❶ 35−27

❷ 96−38

❸ 86−57

❹ 61−52

❺ 78−39

❻ 41−25

❼ 97−28

❽ 88−39

❾ 52−34

❿ 61−29

⓫ 95−59

⓬ 71−18

⓭ 56−37

⓮ 64−19

⓯ 51−28

⓰ 92−25

자기 점수에 ○표 하세요

맞힌 개수	8개 이하	9~12개	13~14개	15~16개
학습 방법	개념을 다시 공부하세요.	조금 더 노력 하세요.	실수하면 안 돼요.	참 잘했어요.

3일차 A형

(두 자리 수)－(두 자리 수)

월	일
분	초
	/24

✎ 뺄셈을 하세요.

① $81 - 34 =$

② $72 - 15 =$

③ $92 - 83 =$

④ $64 - 18 =$

⑤ $96 - 68 =$

⑥ $73 - 59 =$

⑦ $43 - 38 =$

⑧ $51 - 45 =$

⑨ $83 - 28 =$

⑩ $61 - 27 =$

⑪ $93 - 16 =$

⑫ $52 - 15 =$

⑬ $92 - 68 =$

⑭ $82 - 15 =$

⑮ $54 - 27 =$

⑯ $84 - 59 =$

⑰ $77 - 38 =$

⑱ $63 - 34 =$

⑲ $75 - 56 =$

⑳ $82 - 14 =$

㉑ $52 - 39 =$

㉒ $65 - 57 =$

㉓ $93 - 19 =$

㉔ $82 - 66 =$

자기 점수에 ○표 하세요

맞힌 개수	16개 이하	17~20개	21~22개	23~24개
학습 방법	개념을 다시 공부하세요.	조금 더 노력 하세요.	실수하면 안 돼요.	참 잘했어요.

(두 자리 수)-(두 자리 수)

월 일
분 초
/16

정답 30쪽

빼셈을 하세요.

❶ 42-38

❷ 91-59

❸ 73-29

❹ 93-17

❺ 91-22

❻ 56-47

❼ 91-69

❽ 72-35

❾ 77-29

❿ 91-19

⓫ 84-48

⓬ 93-77

⓭ 82-39

⓮ 66-48

⓯ 55-26

⓰ 94-36

자기 점수에 ○표 하세요

맞힌 개수	8개 이하	9~12개	13~14개	15~16개
학습 방법	개념을 다시 공부하세요.	조금 더 노력 하세요.	실수하면 안 돼요.	참 잘했어요.

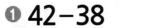

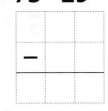

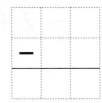

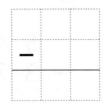

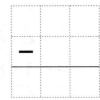

4일차 A형

(두 자리 수) - (두 자리 수)

월	일
분	초
	/24

✎ 뺄셈을 하세요.

❶ 41 − 26 =

❷ 94 − 35 =

❸ 71 − 23 =

❹ 73 − 16 =

❺ 84 − 17 =

❻ 75 − 28 =

❼ 33 − 26 =

❽ 52 − 13 =

❾ 46 − 18 =

❿ 54 − 37 =

⓫ 54 − 28 =

⓬ 43 − 18 =

⓭ 72 − 48 =

⓮ 93 − 38 =

⓯ 92 − 57 =

⓰ 81 − 59 =

⓱ 72 − 67 =

⓲ 64 − 28 =

⓳ 74 − 29 =

⓴ 52 − 14 =

㉑ 62 − 37 =

㉒ 66 − 57 =

㉓ 72 − 35 =

㉔ 95 − 27 =

자기 점수에 ○표 하세요

맞힌 개수	16개 이하	17~20개	21~22개	23~24개
학습 방법	개념을 다시 공부하세요.	조금 더 노력하세요.	실수하면 안 돼요.	참 잘했어요.

(두 자리 수)-(두 자리 수)

월	일
분	초
	/16

정답 31쪽

빨셈을 하세요.

❶ 32-16

❷ 93-35

❸ 74-26

❹ 41-24

❺ 55-19

❻ 73-45

❼ 81-18

❽ 85-37

❾ 92-69

❿ 82-79

⓫ 65-38

⓬ 75-57

⓭ 94-75

⓮ 83-39

⓯ 82-74

⓰ 62-23

자기 점수에 ○표 하세요

맞힌 개수	8개 이하	9~12개	13~14개	15~16개
학습 방법	개념을 다시 공부하세요.	조금 더 노력 하세요.	실수하면 안 돼요.	참 잘했어요.

5일차 A형

(두 자리 수)−(두 자리 수)

월	일
분	초
	/24

✎ 뺄셈을 하세요.

❶ $44 - 29$

❷ $52 - 43$

❸ $85 - 57$

❹ $61 - 55$

❺ $97 - 28$

❻ $98 - 39$

❼ $83 - 28$

❽ $61 - 27$

❾ $45 - 26$

❿ $56 - 27$

⓫ $36 - 18$

⓬ $45 - 18$

⓭ $66 - 17$

⓮ $72 - 35$

⓯ $52 - 39$

⓰ $65 - 57$

⓱ $73 - 17$

⓲ $54 - 28$

⓳ $98 - 19$

⓴ $81 - 59$

㉑ $52 - 16$

㉒ $66 - 18$

㉓ $66 - 28$

㉔ $74 - 29$

자기 점수에 ○표 하세요

맞힌 개수	16개 이하	17~20개	21~22개	23~24개
학습 방법	개념을 다시 공부하세요.	조금 더 노력 하세요.	실수하면 안 돼요.	참 잘했어요.

(두 자리 수)-(두 자리 수)

월	일
분	초
	/16

정답 32쪽

빼셈을 하세요.

❶ 42−38

❷ 91−59

❸ 73−29

❹ 93−17

❺ 78−39

❻ 41−25

❼ 97−28

❽ 48−39

❾ 44−37

❿ 54−29

⓫ 66−48

⓬ 75−27

⓭ 56−37

⓮ 74−19

⓯ 51−28

⓰ 90−22

자기 점수에 ○표 하세요

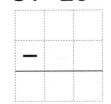

맞힌 개수	8개 이하	9~12개	13~14개	15~16개
학습 방법	개념을 다시 공부하세요.	조금 더 노력하세요.	실수하면 안 돼요.	참 잘했어요.

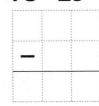

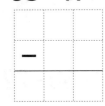

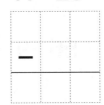

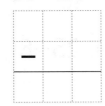

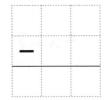

세 단계 묶어 풀기 O24 ~ O26단계
받아내림이 있는 두 자리 수의 뺄셈

월 일
분 초
/21

정답 33쪽

계산을 하세요.

❶ 41−8=

❷ 83−9=

❸ 62−8=

❹ 50−22=

❺ 90−48=

❻ 70−36=

❼ 43−17=

❽ 65−28=

❾ 83−15=

⑩ 54−7

⑪ 25−8

⑫ 66−9

⑬ 90−4

⑭ 80−13

⑮ 60−21

⑯ 40−16

⑰ 80−14

⑱ 93−34

⑲ 72−36

⑳ 84−57

㉑ 54−36

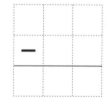

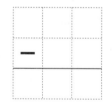

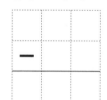

창의력 쑥쑥! 수학 퀴즈

계산 퀴즈

지수네 집에는 오래된 수학책이 많습니다.
지수는 그중 한 권을 집어 재미삼아 넘겨 보다가
다음과 같은 문제를 봤습니다.

▲● − ●▲ = 9

▲● + ●▲ = 99

단, ▲와 ●에 들어갈 수는 1에서 9까지의 자연수이다.

덧셈, 뺄셈을 아주 잘 하는 지수는 잠깐 생각하다가
곧 쉽게 답을 찾았습니다.
지수가 찾은 답은 무엇일까요? 여러분도 한 번 찾아보세요.

답 ▲ = 5, ● = 4

027 단계 두 자리 수의 덧셈과 뺄셈 종합

◆스스로 학습 관리표◆

- 매일 맞힌 개수를 적고, 걸린 시간만큼 색칠해 보세요. (눈금 1칸은 1분이며, 초는 표의 상단에 적으세요.)
- 하루하루 지날수록 실력이 자라고, 계산 속도가 빨라지는 것을 눈으로 직접 확인할 수 있습니다.

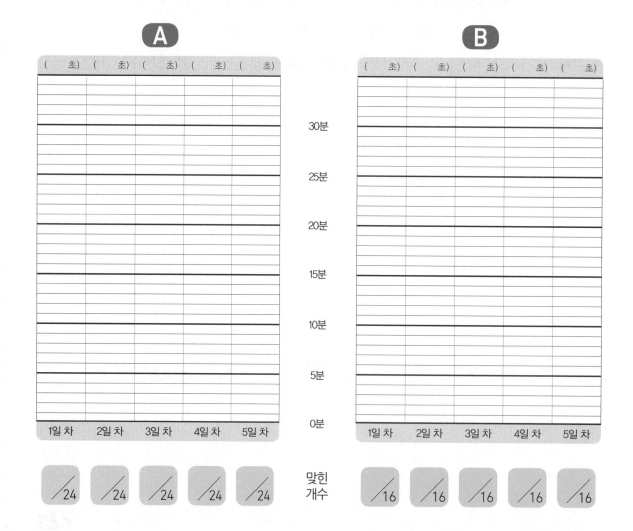

A

	1일 차	2일 차	3일 차	4일 차	5일 차
	(초)	(초)	(초)	(초)	(초)
30분					
25분					
20분					
15분					
10분					
5분					
0분					
맞힌 개수	/24	/24	/24	/24	/24

B

	1일 차	2일 차	3일 차	4일 차	5일 차
	(초)	(초)	(초)	(초)	(초)
30분					
25분					
20분					
15분					
10분					
5분					
0분					
맞힌 개수	/16	/16	/16	/16	/16

◆개념 포인트◆

두 자리 수의 덧셈과 뺄셈 종합

받아올림과 받아내림이 있는 두 자리 수의 덧셈과 뺄셈을 완성하는 단계입니다. 일의 자리부터 차근차근 계산하되 받아올림을 할 때는 "형님, 선물이야!", 받아내림을 할 때는 "형님, 도와줘!"라고 이야기하면서 계산해 보세요.

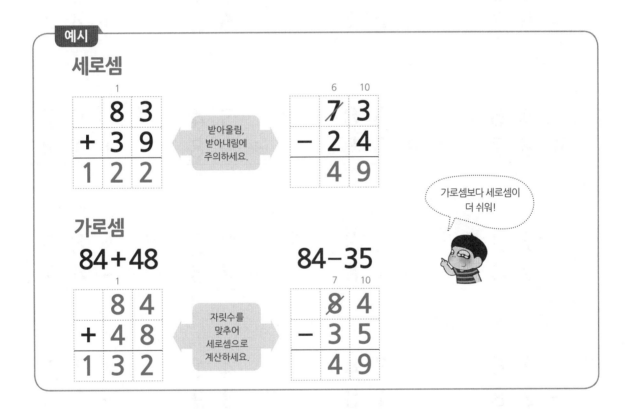

예시

세로셈

	1	
	8	3
+	3	9
1	2	2

받아올림, 받아내림에 주의하세요.

	6	10
	~~7~~	3
−	2	4
	4	9

가로셈

84+48

	1	
	8	4
+	4	8
1	3	2

자릿수를 맞추어 세로셈으로 계산하세요.

84−35

	7	10
	~~8~~	4
−	3	5
	4	9

두 자리 수의 계산을 완전히 익히도록 연습하는 단계입니다. 이 단계를 확실하게 익히면 더 많은 자릿수의 계산도 쉽게 할 수 있습니다. 받아올림과 받아내림에서 실수하지 않도록 지도해 주세요.

1일차 A형 두 자리 수의 덧셈과 뺄셈 종합

월	일
분	초
	/24

두 자리 수의 덧셈과 빨셈, 이젠 자신 있지?

✎ 계산을 하세요.

❶ $\begin{array}{r} 25 \\ +\ 38 \\ \hline \end{array}$

❷ $\begin{array}{r} 36 \\ +\ 19 \\ \hline \end{array}$

❸ $\begin{array}{r} 49 \\ +\ 32 \\ \hline \end{array}$

❹ $\begin{array}{r} 63 \\ +\ 27 \\ \hline \end{array}$

❺ $\begin{array}{r} 16 \\ +\ 57 \\ \hline \end{array}$

❻ $\begin{array}{r} 71 \\ +\ 47 \\ \hline \end{array}$

❼ $\begin{array}{r} 83 \\ +\ 62 \\ \hline \end{array}$

❽ $\begin{array}{r} 67 \\ +\ 44 \\ \hline \end{array}$

❾ $\begin{array}{r} 46 \\ +\ 87 \\ \hline \end{array}$

❿ $\begin{array}{r} 58 \\ +\ 55 \\ \hline \end{array}$

⓫ $\begin{array}{r} 34 \\ +\ 98 \\ \hline \end{array}$

⓬ $\begin{array}{r} 97 \\ +\ 18 \\ \hline \end{array}$

⓭ $\begin{array}{r} 73 \\ -\ 24 \\ \hline \end{array}$

⓮ $\begin{array}{r} 43 \\ -\ 18 \\ \hline \end{array}$

⓯ $\begin{array}{r} 95 \\ -\ 88 \\ \hline \end{array}$

⓰ $\begin{array}{r} 86 \\ -\ 47 \\ \hline \end{array}$

⓱ $\begin{array}{r} 76 \\ -\ 28 \\ \hline \end{array}$

⓲ $\begin{array}{r} 54 \\ -\ 18 \\ \hline \end{array}$

⓳ $\begin{array}{r} 41 \\ -\ 39 \\ \hline \end{array}$

⓴ $\begin{array}{r} 71 \\ -\ 13 \\ \hline \end{array}$

㉑ $\begin{array}{r} 50 \\ -\ 36 \\ \hline \end{array}$

㉒ $\begin{array}{r} 66 \\ -\ 47 \\ \hline \end{array}$

㉓ $\begin{array}{r} 76 \\ -\ 48 \\ \hline \end{array}$

㉔ $\begin{array}{r} 83 \\ -\ 18 \\ \hline \end{array}$

자기 점수에 ○표 하세요

맞힌 개수	16개 이하	17~20개	21~22개	23~24개
학습 방법	개념을 다시 공부하세요.	조금 더 노력 하세요.	실수하면 안 돼요.	참 잘했어요.

두 자리 수의 덧셈과 뺄셈 종합

월 일
분 초
/16

정답 34쪽

계산을 하세요.

❶ 35+27

❷ 67+13

❸ 58+46

❹ 59+93

❺ 42+79

❻ 86+28

❼ 76+58

❽ 59+83

❾ 94−35

❿ 54−29

⓫ 68−59

⓬ 78−59

⓭ 84−37

⓮ 92−28

⓯ 93−56

⓰ 81−68

자기 점수에 ○표 하세요

맞힌 개수	8개 이하	9~12개	13~14개	15~16개
학습 방법	개념을 다시 공부하세요.	조금 더 노력 하세요.	실수하면 안 돼요.	참 잘했어요.

2일차 A형

두 자리 수의 덧셈과 뺄셈 종합

월 일
분 초
/24

✎ 계산을 하세요.

① 39 + 32 =

② 18 + 36 =

③ 49 + 13 =

④ 27 + 29 =

⑤ 47 + 25 =

⑥ 10 + 92 =

⑦ 78 + 51 =

⑧ 51 + 52 =

⑨ 51 + 62 =

⑩ 82 + 77 =

⑪ 72 + 72 =

⑫ 96 + 21 =

⑬ 90 − 29 =

⑭ 40 − 15 =

⑮ 65 − 26 =

⑯ 73 − 57 =

⑰ 36 − 18 =

⑱ 45 − 18 =

⑲ 95 − 37 =

⑳ 85 − 39 =

㉑ 73 − 37 =

㉒ 54 − 28 =

㉓ 76 − 48 =

㉔ 82 − 34 =

자기 점수에 ○표 하세요

맞힌 개수	16개 이하	17~20개	21~22개	23~24개
학습 방법	개념을 다시 공부하세요.	조금 더 노력하세요.	실수하면 안 돼요.	참 잘했어요.

두 자리 수의 덧셈과 뺄셈 종합

월 일
분 초
/16

정답 35쪽

계산을 하세요.

❶ $55+17$

❷ $33+27$

❸ $28+16$

❹ $47+53$

❺ $42+38$

❻ $76+35$

❼ $56+69$

❽ $52+88$

❾ $45-37$

❿ $55-26$

⓫ $67-49$

⓬ $73-27$

⓭ $91-78$

⓮ $93-19$

⓯ $94-87$

⓰ $82-68$

자기 점수에 ○표 하세요

맞힌 개수	8개 이하	9~12개	13~14개	15~16개
학습 방법	개념을 다시 공부하세요.	조금 더 노력 하세요.	실수하면 안 돼요.	참 잘했어요.

3일차 A형

두 자리 수의 덧셈과 뺄셈 종합

월 일
분 초
/24

계산을 하세요.

❶ $\begin{array}{r} 96 \\ +\ 57 \\ \hline \end{array}$

❷ $\begin{array}{r} 51 \\ +\ 83 \\ \hline \end{array}$

❸ $\begin{array}{r} 29 \\ +\ 82 \\ \hline \end{array}$

❹ $\begin{array}{r} 67 \\ +\ 33 \\ \hline \end{array}$

❺ $\begin{array}{r} 28 \\ +\ 37 \\ \hline \end{array}$

❻ $\begin{array}{r} 89 \\ +\ 52 \\ \hline \end{array}$

❼ $\begin{array}{r} 75 \\ +\ 76 \\ \hline \end{array}$

❽ $\begin{array}{r} 83 \\ +\ 38 \\ \hline \end{array}$

❾ $\begin{array}{r} 51 \\ +\ 62 \\ \hline \end{array}$

❿ $\begin{array}{r} 84 \\ +\ 77 \\ \hline \end{array}$

⓫ $\begin{array}{r} 92 \\ +\ 78 \\ \hline \end{array}$

⓬ $\begin{array}{r} 96 \\ +\ 28 \\ \hline \end{array}$

⓭ $\begin{array}{r} 54 \\ -\ 18 \\ \hline \end{array}$

⓮ $\begin{array}{r} 41 \\ -\ 39 \\ \hline \end{array}$

⓯ $\begin{array}{r} 66 \\ -\ 17 \\ \hline \end{array}$

⓰ $\begin{array}{r} 76 \\ -\ 48 \\ \hline \end{array}$

⓱ $\begin{array}{r} 76 \\ -\ 28 \\ \hline \end{array}$

⓲ $\begin{array}{r} 51 \\ -\ 19 \\ \hline \end{array}$

⓳ $\begin{array}{r} 92 \\ -\ 27 \\ \hline \end{array}$

⓴ $\begin{array}{r} 40 \\ -\ 18 \\ \hline \end{array}$

㉑ $\begin{array}{r} 77 \\ -\ 59 \\ \hline \end{array}$

㉒ $\begin{array}{r} 66 \\ -\ 47 \\ \hline \end{array}$

㉓ $\begin{array}{r} 73 \\ -\ 47 \\ \hline \end{array}$

㉔ $\begin{array}{r} 83 \\ -\ 28 \\ \hline \end{array}$

자기 점수에 ○표 하세요

맞힌 개수	16개 이하	17~20개	21~22개	23~24개
학습 방법	개념을 다시 공부하세요.	조금 더 노력하세요.	실수하면 안 돼요.	참 잘했어요.

두 자리 수의 덧셈과 뺄셈 종합

월 일
분 초
/16

정답 36쪽

계산을 하세요.

❶ 27+38

❷ 75+59

❸ 72+38

❹ 95+25

❺ 96+54

❻ 29+76

❼ 33+58

❽ 64+49

❾ 75−28

❿ 46−17

⓫ 76−38

⓬ 88−79

⓭ 41−23

⓮ 80−36

⓯ 95−29

⓰ 83−24

자기 점수에 ○표 하세요

맞힌 개수	8개 이하	9~12개	13~14개	15~16개
학습 방법	개념을 다시 공부하세요.	조금 더 노력 하세요.	실수하면 안 돼요.	참 잘했어요.

4일차 A형

두 자리 수의 덧셈과 뺄셈 종합

월 일
분 초
/24

✎ 계산을 하세요.

❶ $64 + 18 =$

❷ $56 + 24 =$

❸ $38 + 32 =$

❹ $56 + 44 =$

❺ $28 + 37 =$

❻ $79 + 52 =$

❼ $85 + 77 =$

❽ $83 + 38 =$

❾ $76 + 76 =$

❿ $99 + 85 =$

⓫ $37 + 79 =$

⓬ $96 + 49 =$

⓭ $46 - 17 =$

⓮ $72 - 36 =$

⓯ $85 - 36 =$

⓰ $72 - 34 =$

⓱ $98 - 29 =$

⓲ $62 - 39 =$

⓳ $70 - 54 =$

⓴ $32 - 27 =$

㉑ $90 - 43 =$

㉒ $73 - 45 =$

㉓ $62 - 19 =$

㉔ $93 - 37 =$

자기 점수에 ○표 하세요.

맞힌 개수	16개 이하	17~20개	21~22개	23~24개
학습 방법	개념을 다시 공부하세요.	조금 더 노력 하세요.	실수하면 안 돼요.	참 잘했어요.

두 자리 수의 덧셈과 뺄셈 종합

월 일
분 초
/16

정답 37쪽

계산을 하세요.

❶ 65+16

❷ 27+39

❸ 18+14

❹ 67+56

❺ 94+38

❻ 28+84

❼ 37+59

❽ 65+78

❾ 54−39

❿ 45−19

⓫ 74−28

⓬ 73−36

⓭ 91−78

⓮ 82−24

⓯ 63−56

⓰ 72−66

자기 점수에 ○표 하세요

맞힌 개수	8개 이하	9~12개	13~14개	15~16개
학습 방법	개념을 다시 공부하세요.	조금 더 노력하세요.	실수하면 안 돼요.	참 잘했어요.

5일차 A형

두 자리 수의 덧셈과 뺄셈 종합

월 일
분 초
/24

계산을 하세요.

❶ 48 + 26

❷ 56 + 35

❸ 43 + 18

❹ 23 + 59

❺ 96 + 57

❻ 61 + 83

❼ 29 + 82

❽ 67 + 33

❾ 86 + 82

❿ 58 + 64

⓫ 27 + 79

⓬ 64 + 68

⓭ 36 − 29

⓮ 41 − 17

⓯ 95 − 38

⓰ 86 − 47

⓱ 76 − 28

⓲ 54 − 18

⓳ 41 − 39

⓴ 41 − 13

㉑ 50 − 36

㉒ 66 − 47

㉓ 71 − 48

㉔ 83 − 18

자기 점수에 ○표 하세요

맞힌 개수	16개 이하	17~20개	21~22개	23~24개
학습 방법	개념을 다시 공부하세요.	조금 더 노력 하세요.	실수하면 안 돼요.	참 잘했어요.

두 자리 수의 덧셈과 뺄셈 종합

월 일
분 초
/16

정답 38쪽

계산을 하세요.

❶ 45+37

❷ 59+15

❸ 68+93

❹ 44+99

❺ 12+88

❻ 86+38

❼ 69+48

❽ 57+36

❾ 77−29

❿ 64−56

⓫ 97−38

⓬ 80−54

⓭ 84−18

⓮ 45−27

⓯ 54−16

⓰ 62−29

자기 점수에 ○표 하세요

맞힌 개수	8개 이하	9~12개	13~14개	15~16개
학습 방법	개념을 다시 공부하세요.	조금 더 노력하세요.	실수하면 안 돼요.	참 잘했어요.

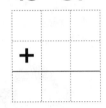

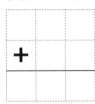

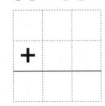

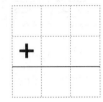

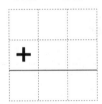

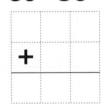

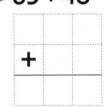

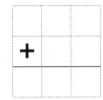

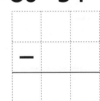

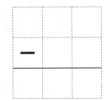

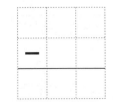

028 단계 덧셈, 뺄셈의 여러 가지 방법

계산은 빠르게 하는
것보다 정확하게 하는
것이 더 중요해!

◆스스로 학습 관리표◆

- 매일 맞힌 개수를 적고, 걸린 시간만큼 색칠해 보세요.
(눈금 1칸은 1분이며, 초는 표의 상단에 적으세요.)
- 하루하루 지날수록 실력이 자라고, 계산 속도가 빨라지는 것을 눈으로 직접 확인할 수 있습니다.

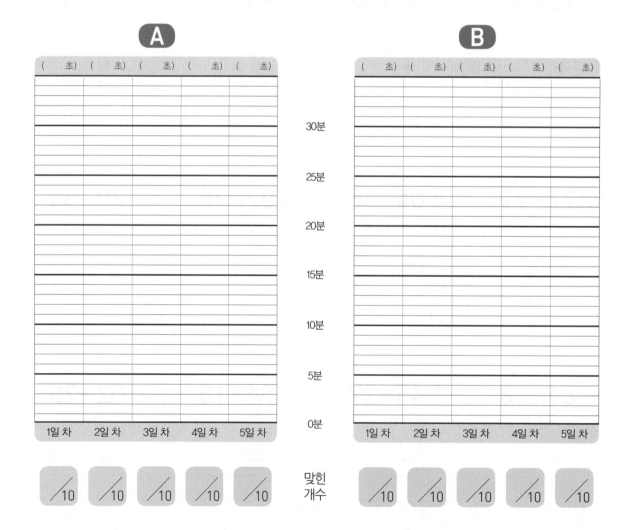

A

(초)	(초)	(초)	(초)	(초)
1일 차	2일 차	3일 차	4일 차	5일 차
/10	/10	/10	/10	/10

30분
25분
20분
15분
10분
5분
0분

맞힌 개수

B

(초)	(초)	(초)	(초)	(초)
1일 차	2일 차	3일 차	4일 차	5일 차
/10	/10	/10	/10	/10

◆개념 포인트◆

덧셈, 뺄셈의 여러 가지 방법

[방법1] 주어진 수를 계산하기 쉽게 가른 후 계산합니다.

[방법2] 수를 다양하게 표현하여 계산하기 쉽도록 합니다.

예시

덧셈, 뺄셈의 여러 가지 방법

[방법1] 수 가르기

$$26+38=26+\boxed{30}+8=\boxed{56}+8=64$$

$$26+38=\boxed{20}+\boxed{30}+6+8=\boxed{50}+14=64$$

$$52-15=52-\boxed{10}-5=\boxed{42}-5=37$$

$$52-15=52-\boxed{12}-3=\boxed{40}-3=37$$

[방법2] 다양하게 표현하기

$$26+38=\boxed{30}+38-4=68-4=64$$

$$52-15=52-\boxed{20}+5=\boxed{32}+5=37$$

자릿수에 맞춰 덧셈과 뺄셈을 하는데 그치지 않고, 여러 가지 방법으로도 생각할 수 있도록 지도해 주세요. 이러한 방법들을 통해 계산이 보다 재미있어지고, 문제 해결 능력도 길러집니다.

덧셈, 뺄셈의 여러 가지 방법

월	일
분	초
	/10

✎ 빈칸에 알맞은 수를 넣으세요.

❶ 49+53=49+□+3
=□+3
=□

❷ 49+53=□+□+9+3
=□+12
=□

❸ 26+35=26+□+5
=□+5
=□

❹ 26+35=□+□+6+5
=□+11
=□

❺ 58+16=58+□−4
=□−4
=□

❻ 58+16=□+□+8+6
=□+14
=□

❼ 12+79=12+□−1
=□−1
=□

❽ 12+79=□+□+2+9
=□+11
=□

❾ 69+23=69+□+3
=□+3
=□

❿ 69+23=69+□−7
=□−7
=□

자기 점수에 ○표 하세요

맞힌 개수	4개 이하	5~6개	7~8개	9~10개
학습 방법	개념을 다시 공부하세요.	조금 더 노력하세요.	실수하면 안 돼요.	참 잘했어요.

덧셈, 뺄셈의 여러 가지 방법

월	일
분	초
	/10

정답 39쪽

빈칸에 알맞은 수를 넣으세요.

❶ 52−14=52−□−2
=□−2
=□

❷ 52−14=52−□−4
=□−4
=□

❸ 65−29=65−□−4
=□−4
=□

❹ 65−29=65−□−9
=□−9
=□

❺ 83−47=83−□+3
=□+3
=□

❻ 83−47=83−□−7
=□−7
=□

❼ 71−25=70−□+1
=□+1
=□

❽ 71−25=71−□−5
=□−5
=□

❾ 45−18=45−□−3
=□−3
=□

❿ 45−18=40−□+5
=□+5
=□

자기 점수에 ○표 하세요

맞힌 개수	4개 이하	5~6개	7~8개	9~10개
학습 방법	개념을 다시 공부하세요.	조금 더 노력하세요.	실수하면 안 돼요.	참 잘했어요.

덧셈, 뺄셈의 여러 가지 방법

월	일
분	초
	/10

빈칸에 알맞은 수를 넣으세요.

❶ 24+38=24+□+8
=□+8
=□

❷ 24+38=□+□+4+8
=□+12
=□

❸ 17+76=17+□+6
=□+6
=□

❹ 17+76=□+□+7+6
=□+13
=□

❺ 48+13=48+□−7
=□−7
=□

❻ 48+13=□+□+8+3
=□+11
=□

❼ 56+27=56+□−3
=□−3
=□

❽ 56+27=□+□+6+7
=□+13
=□

❾ 35+19=35+□+9
=□+9
=□

❿ 35+19=35+□−1
=□−1
=□

자기 점수에 ○표 하세요

맞힌 개수	4개 이하	5~6개	7~8개	9~10개
학습 방법	개념을 다시 공부하세요.	조금 더 노력 하세요.	실수하면 안 돼요.	참 잘했어요.

2일차 B형

덧셈, 뺄셈의 여러 가지 방법

월	일
분	초
	/10

정답 40쪽

✎ 빈칸에 알맞은 수를 넣으세요.

❶ $61-43=61-\square-2$
$=\square-2$
$=\square$

❷ $61-43=61-\square-3$
$=\square-3$
$=\square$

❸ $95-48=95-\square-3$
$=\square-3$
$=\square$

❹ $95-48=95-\square-8$
$=\square-8$
$=\square$

❺ $52-17=50-\square+2$
$=\square+2$
$=\square$

❻ $52-17=52-\square-7$
$=\square-7$
$=\square$

❼ $83-29=80-\square+3$
$=\square+3$
$=\square$

❽ $83-29=83-\square-9$
$=\square-9$
$=\square$

❾ $76-37=76-\square-1$
$=\square-1$
$=\square$

❿ $76-37=70-\square+6$
$=\square+6$
$=\square$

자기 점수에 ○표 하세요

맞힌 개수	4개 이하	5~6개	7~8개	9~10개
학습 방법	개념을 다시 공부하세요.	조금 더 노력 하세요.	실수하면 안 돼요.	참 잘했어요.

덧셈, 뺄셈의 여러 가지 방법

월	일
분	초
	/10

✎ 빈칸에 알맞은 수를 넣으세요.

❶ 66+25=66+□+5
=□+5
=□

❷ 66+25=□+□+6+5
=□+11
=□

❸ 39+54=39+□+4
=□+4
=□

❹ 39+54=□+□+9+4
=□+13
=□

❺ 17+16=17+□−4
=□−4
=□

❻ 17+16=□+□+7+6
=□+13
=□

❼ 48+39=48+□−1
=□−1
=□

❽ 48+39=□+□+8+9
=□+17
=□

❾ 29+11=29+□+1
=□+1
=□

❿ 29+11=29+□−9
=□−9
=□

자기 점수에 ○표 하세요

맞힌 개수	4개 이하	5~6개	7~8개	9~10개
학습 방법	개념을 다시 공부하세요.	조금 더 노력하세요.	실수하면 안 돼요.	참 잘했어요.

덧셈, 뺄셈의 여러 가지 방법

월	일
분	초
	/10

정답 41쪽

빈칸에 알맞은 수를 넣으세요.

❶ 72−56=72−□−4
=□−4
=□

❷ 72−56=72−□−6
=□−6
=□

❸ 45−18=45−□−3
=□−3
=□

❹ 45−18=45−□−8
=□−8
=□

❺ 64−39=60−□+4
=□+4
=□

❻ 64−39=64−□−9
=□−9
=□

❼ 81−27=80−□+1
=□+1
=□

❽ 81−27=81−□−7
=□−7
=□

❾ 54−29=54−□−5
=□−5
=□

❿ 54−29=50−□+4
=□+4
=□

자기 점수에 ○표 하세요

맞힌 개수	4개 이하	5~6개	7~8개	9~10개
학습 방법	개념을 다시 공부하세요.	조금 더 노력 하세요.	실수하면 안 돼요.	참 잘했어요.

4일차 A형

덧셈, 뺄셈의 여러 가지 방법

월	일
분	초
	/10

✎ 빈칸에 알맞은 수를 넣으세요.

❶ 45+47=45+□+7
=□+7
=□

❷ 45+47=□+□+5+7
=□+12
=□

❸ 68+15=68+□+5
=□+5
=□

❹ 68+15=□+□+8+5
=□+13
=□

❺ 23+47=23+□−3
=□−3
=□

❻ 23+47=□+□+3+7
=□+10
=□

❼ 56+26=56+□−4
=□−4
=□

❽ 56+26=□+□+6+6
=□+12
=□

❾ 17+36=17+□+6
=□+6
=□

❿ 17+36=17+□−4
=□−4
=□

자기 점수에 ○표 하세요

맞힌 개수	4개 이하	5~6개	7~8개	9~10개
학습 방법	개념을 다시 공부하세요.	조금 더 노력하세요.	실수하면 안 돼요.	참 잘했어요.

덧셈, 뺄셈의 여러 가지 방법

월 일
분 초
/10

정답 42쪽

빈칸에 알맞은 수를 넣으세요.

❶ $43-16=43-\square-3$
$=\square-3$
$=\square$

❷ $43-16=43-\square-6$
$=\square-6$
$=\square$

❸ $81-37=81-\square-6$
$=\square-6$
$=\square$

❹ $81-37=81-\square-7$
$=\square-7$
$=\square$

❺ $52-23=50-\square+2$
$=\square+2$
$=\square$

❻ $52-23=52-\square-3$
$=\square-3$
$=\square$

❼ $75-49=70-\square+5$
$=\square+5$
$=\square$

❽ $75-49=75-\square-9$
$=\square-9$
$=\square$

❾ $61-26=61-\square-5$
$=\square-5$
$=\square$

❿ $61-26=60-\square+1$
$=\square+1$
$=\square$

자기 점수에 ○표 하세요

맞힌 개수	4개 이하	5~6개	7~8개	9~10개
학습 방법	개념을 다시 공부하세요.	조금 더 노력 하세요.	실수하면 안 돼요.	참 잘했어요.

덧셈, 뺄셈의 여러 가지 방법

월 일
분 초
/10

✎ 빈칸에 알맞은 수를 넣으세요.

❶ 76+28=76+□+8
=□+8
=□

❷ 76+28=□+□+6+8
=□+14
=□

❸ 59+13=59+□+3
=□+3
=□

❹ 59+13=□+□+9+3
=□+12
=□

❺ 45+36=45+□−4
=□−4
=□

❻ 45+36=□+□+5+6
=□+11
=□

❼ 24+68=24+□−2
=□−2
=□

❽ 24+68=□+□+4+8
=□+12
=□

❾ 37+14=37+□+4
=□+4
=□

❿ 37+14=37+□−6
=□−6
=□

자기 점수에 ○표 하세요

맞힌 개수	4개 이하	5~6개	7~8개	9~10개
학습 방법	개념을 다시 공부하세요.	조금 더 노력하세요.	실수하면 안 돼요.	참 잘했어요.

덧셈, 뺄셈의 여러 가지 방법

월 일
분 초
/10

정답 43쪽

빈칸에 알맞은 수를 넣으세요.

❶ $53-27=53-\square-4$
$=\square-4$
$=\square$

❷ $53-27=53-\square-7$
$=\square-7$
$=\square$

❸ $95-36=95-\square-1$
$=\square-1$
$=\square$

❹ $95-36=95-\square-6$
$=\square-6$
$=\square$

❺ $46-19=40-\square+6$
$=\square+6$
$=\square$

❻ $46-19=46-\square-9$
$=\square-9$
$=\square$

❼ $62-26=60-\square+2$
$=\square+2$
$=\square$

❽ $62-26=62-\square-6$
$=\square-6$
$=\square$

❾ $71-53=71-\square-2$
$=\square-2$
$=\square$

❿ $71-53=70-\square+1$
$=\square+1$
$=\square$

자기 점수에 ○표 하세요

맞힌 개수	4개 이하	5~6개	7~8개	9~10개
학습 방법	개념을 다시 공부하세요.	조금 더 노력 하세요.	실수하면 안 돼요.	참 잘했어요.

029 단계 덧셈과 뺄셈의 관계

◆스스로 학습 관리표◆

- 매일 맞힌 개수를 적고, 걸린 시간만큼 색칠해 보세요.
(눈금 1칸은 1분이며, 초는 표의 상단에 적으세요.)
- 하루하루 지날수록 실력이 자라고, 계산 속도가 빨라지는 것을 눈으로 직접 확인할 수 있습니다.

A

(초)	(초)	(초)	(초)	(초)
1일 차	2일 차	3일 차	4일 차	5일 차
/12	/12	/12	/12	/12

30분
25분
20분
15분
10분
5분
0분

맞힌 개수

B

(초)	(초)	(초)	(초)	(초)
1일 차	2일 차	3일 차	4일 차	5일 차
/20	/20	/20	/20	/20

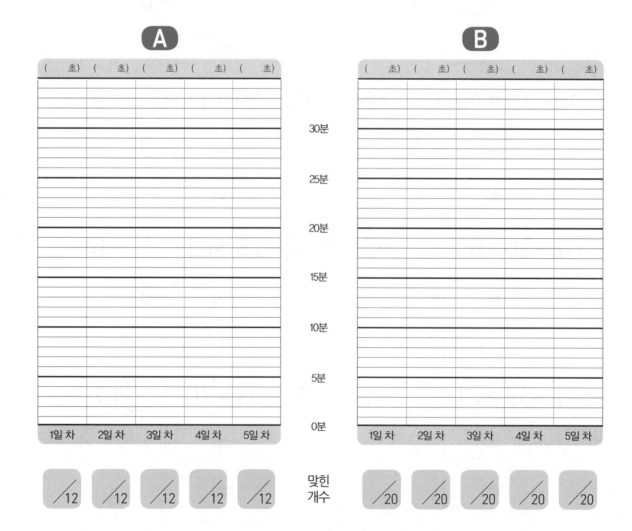

개념 포인트

덧셈과 뺄셈은 서로 반대되는 상황입니다.

덧셈식을 보고 뺄셈식 만들기

●+▲=■ ─┬─ ■−▲=●
　　　　　└─ ■−●=▲

뺄셈식을 보고 덧셈식 만들기

★−●=▲ ─┬─ ▲+●=★
　　　　　└─ ●+▲=★

예시

덧셈식을 보고 뺄셈식 만들기	21+4=[25]	➡	25−4=[21]
		➡	25−21=[4]
뺄셈식을 보고 덧셈식 만들기	38−12=[26]	➡	26+12=[38]
		➡	12+26=[38]
모르는 수 구하기	43+[32]=75 [ ]=75−43		[56]−15=41 [ ]=41+15

더하고 빼면 알맞은 수를 구할 수 있어.

지도 도우미

그동안 덧셈과 뺄셈의 결과인 '합과 차'를 구하는 데에 초점을 두었다면, 이번 단계에서는 덧셈(뺄셈) 상황을 역연산인 뺄셈(덧셈) 상황으로 해석하는 데에 초점을 둡니다. 몇몇 아이들은 덧셈식과 뺄셈식의 관계가 단순히 숫자의 위치를 옮기는 거라고 생각하기도 합니다. 덧셈식과 뺄셈식의 각 수를 부분과 전체로 연결지어 생각하도록 지도해 주세요.

덧셈과 뺄셈의 관계

월	일
분	초
	/12

✎ 빈칸에 알맞은 수를 넣으세요.

❶ $13+4=\square$ ➡ $17-13=\square$ ➡ $17-4=\square$

❷ $25+64=\square$ ➡ $89-25=\square$ ➡ $89-64=\square$

❸ $26+38=\square$ ➡ $64-26=\square$ ➡ $64-38=\square$

❹ $72+13=\square$ ➡ $85-72=\square$ ➡ $85-13=\square$

❺ $14+28=\square$ ➡ $42-14=\square$ ➡ $42-28=\square$

❻ $59+33=\square$ ➡ $92-59=\square$ ➡ $92-33=\square$

❼ $49-24=\square$ ➡ $25+24=\square$ ➡ $24+25=\square$

❽ $76-13=\square$ ➡ $63+13=\square$ ➡ $13+63=\square$

❾ $58-32=\square$ ➡ $26+32=\square$ ➡ $32+26=\square$

❿ $71-45=\square$ ➡ $26+45=\square$ ➡ $45+26=\square$

⓫ $52-14=\square$ ➡ $38+14=\square$ ➡ $14+38=\square$

⓬ $93-65=\square$ ➡ $28+65=\square$ ➡ $65+28=\square$

자기 점수에 ○표 하세요

맞힌 개수	6개 이하	7~8개	9~10개	11~12개
학습 방법	개념을 다시 공부하세요.	조금 더 노력하세요.	실수하면 안 돼요.	참 잘했어요.

1일차 B형

덧셈과 뺄셈의 관계

월 일
분 초
/20

덧셈식의 빈칸은 뺄셈으로 구하고, 뺄셈식의 빈칸은 덧셈으로 구해!

정답 44쪽

✎ 빈칸에 알맞은 수를 넣으세요.

❶ 11+□=15

❷ 36+□=48

❸ 23+□=85

❹ 16+□=21

❺ 27+□=80

❻ □+29=63

❼ □+3=48

❽ □+2=30

❾ □+16=82

❿ □+24=41

⓫ 37−□=33

⓬ 29−□=13

⓭ 66−□=15

⓮ 40−□=39

⓯ 81−□=47

⓰ □−19=39

⓱ □−59=8

⓲ □−47=27

⓳ □−24=69

⓴ □−59=30

자기 점수에 ○표 하세요

맞힌 개수	12개 이하	13~16개	17~18개	19~20개
학습 방법	개념을 다시 공부하세요.	조금 더 노력하세요.	실수하면 안 돼요.	참 잘했어요.

덧셈과 뺄셈의 관계

월 일
분 초
/12

✎ 빈칸에 알맞은 수를 넣으세요.

❶ 21+4=□ ➡ 25−4=□ ➡ 25−21=□

❷ 53+34=□ ➡ 87−34=□ ➡ 87−53=□

❸ 31+19=□ ➡ 50−19=□ ➡ 50−31=□

❹ 34+38=□ ➡ 72−38=□ ➡ 72−34=□

❺ 25+59=□ ➡ 84−25=□ ➡ 84−59=□

❻ 14+29=□ ➡ 43−29=□ ➡ 43−14=□

❼ 58−2=□ ➡ 56+2=□ ➡ 2+56=□

❽ 35−13=□ ➡ 22+13=□ ➡ 13+22=□

❾ 70−3=□ ➡ 67+3=□ ➡ 3+67=□

❿ 90−15=□ ➡ 75+15=□ ➡ 15+75=□

⓫ 53−24=□ ➡ 29+24=□ ➡ 24+29=□

⓬ 96−28=□ ➡ 68+28=□ ➡ 28+68=□

자기 점수에 ○표 하세요

맞힌 개수	6개 이하	7~8개	9~10개	11~12개
학습 방법	개념을 다시 공부하세요.	조금 더 노력하세요.	실수하면 안 돼요.	참 잘했어요.

덧셈과 뺄셈의 관계

월	일
분	초
	/20

정답 45쪽

✎ 빈칸에 알맞은 수를 넣으세요.

❶ 65+□=69

❷ 36+□=79

❸ 38+□=40

❹ 19+□=60

❺ 27+□=71

❻ □+29=54

❼ □+16=67

❽ □+21=95

❾ □+15=91

❿ □+27=65

⓫ 97−□=91

⓬ 79−□=53

⓭ 61−□=58

⓮ 43−□=16

⓯ 80−□=56

⓰ □−56=36

⓱ □−5=81

⓲ □−40=44

⓳ □−25=17

⓴ □−54=19

자기 점수에 ○표 하세요

맞힌 개수	12개 이하	13~16개	17~18개	19~20개
학습 방법	개념을 다시 공부하세요.	조금 더 노력 하세요.	실수하면 안 돼요.	참 잘했어요.

3일차 A형 덧셈과 뺄셈의 관계

월 일
분 초
/12

빈칸에 알맞은 수를 넣으세요.

❶ 43+5=□ ➡ 48−5=□ ➡ 48−43=□

❷ 24+61=□ ➡ 85−61=□ ➡ 85−24=□

❸ 60+27=□ ➡ 87−60=□ ➡ 87−27=□

❹ 21+49=□ ➡ 70−21=□ ➡ 70−49=□

❺ 28+56=□ ➡ 84−28=□ ➡ 84−56=□

❻ 16+47=□ ➡ 63−16=□ ➡ 63−47=□

❼ 66−4=□ ➡ 62+4=□ ➡ 4+62=□

❽ 94−13=□ ➡ 81+13=□ ➡ 13+81=□

❾ 93−17=□ ➡ 76+17=□ ➡ 17+76=□

❿ 55−27=□ ➡ 28+27=□ ➡ 27+28=□

⓫ 70−58=□ ➡ 12+58=□ ➡ 58+12=□

⓬ 82−23=□ ➡ 59+23=□ ➡ 23+59=□

자기 점수에 ○표 하세요

맞힌 개수	6개 이하	7~8개	9~10개	11~12개
학습 방법	개념을 다시 공부하세요.	조금 더 노력하세요.	실수하면 안 돼요.	참 잘했어요.

덧셈과 뺄셈의 관계

월 일
분 초
/20

정답 46쪽

✎ 빈칸에 알맞은 수를 넣으세요.

❶ 53+□=55

❷ 40+□=43

❸ 32+□=59

❹ 13+□=71

❺ 49+□=61

❻ □+28=62

❼ □+2=48

❽ □+13=65

❾ □+16=55

❿ □+39=66

⓫ 88−□=86

⓬ 39−□=24

⓭ 92−□=84

⓮ 63−□=46

⓯ 86−□=37

⓰ □−36=44

⓱ □−2=63

⓲ □−16=31

⓳ □−52=38

⓴ □−57=25

자기 점수에 ○표 하세요

맞힌 개수	12개 이하	13~16개	17~18개	19~20개
학습 방법	개념을 다시 공부하세요.	조금 더 노력 하세요.	실수하면 안 돼요.	참 잘했어요.

덧셈과 뺄셈의 관계

월 일
분 초
/12

✎ 빈칸에 알맞은 수를 넣으세요.

❶ 82+3=□ ➡ 85−3=□ ➡ 85−82=□

❷ 27+42=□ ➡ 69−27=□ ➡ 69−42=□

❸ 24+58=□ ➡ 82−58=□ ➡ 82−24=□

❹ 19+47=□ ➡ 66−47=□ ➡ 66−19=□

❺ 34+39=□ ➡ 73−39=□ ➡ 73−34=□

❻ 18+35=□ ➡ 53−35=□ ➡ 53−18=□

❼ 76−4=□ ➡ 72+4=□ ➡ 4+72=□

❽ 84−52=□ ➡ 32+52=□ ➡ 52+32=□

❾ 81−5=□ ➡ 76+5=□ ➡ 5+76=□

❿ 34−16=□ ➡ 16+18=□ ➡ 18+16=□

⓫ 92−47=□ ➡ 47+45=□ ➡ 45+47=□

⓬ 63−45=□ ➡ 18+45=□ ➡ 45+18=□

자기 점수에 ○표 하세요

맞힌 개수	6개 이하	7~8개	9~10개	11~12개
학습 방법	개념을 다시 공부하세요.	조금 더 노력 하세요.	실수하면 안 돼요.	참 잘했어요.

덧셈과 뺄셈의 관계

월	일
분	초
	/20

정답 47쪽

빈칸에 알맞은 수를 넣으세요.

❶ 26+□=29

❷ 34+□=46

❸ 29+□=31

❹ 15+□=91

❺ 37+□=56

❻ 26+□=60

❼ □+4=56

❽ □+52=87

❾ □+15=62

❿ □+29=96

⓫ 99−□=95

⓬ 57−□=11

⓭ 81−□=8

⓮ 60−□=46

⓯ 94−□=68

⓰ □−33=19

⓱ □−21=14

⓲ □−23=64

⓳ □−35=57

⓴ □−37=26

자기 점수에 ○표 하세요

맞힌 개수	12개 이하	13~16개	17~18개	19~20개
학습 방법	개념을 다시 공부하세요.	조금 더 노력 하세요.	실수하면 안 돼요.	참 잘했어요.

5일차 A형

덧셈과 뺄셈의 관계

월 일
분 초
/12

✎ 빈칸에 알맞은 수를 넣으세요.

❶ 33+6=□ ➡ 39−33=□ ➡ 39−6=□

❷ 72+16=□ ➡ 88−16=□ ➡ 88−72=□

❸ 48+7=□ ➡ 55−7=□ ➡ 55−48=□

❹ 24+38=□ ➡ 62−38=□ ➡ 62−24=□

❺ 23+57=□ ➡ 80−23=□ ➡ 80−57=□

❻ 48+19=□ ➡ 67−19=□ ➡ 67−48=□

❼ 75−4=□ ➡ 4+71=□ ➡ 71+4=□

❽ 54−33=□ ➡ 21+33=□ ➡ 33+21=□

❾ 91−5=□ ➡ 86+5=□ ➡ 5+86=□

❿ 63−28=□ ➡ 35+28=□ ➡ 28+35=□

⓫ 84−75=□ ➡ 9+75=□ ➡ 75+9=□

⓬ 53−27=□ ➡ 26+27=□ ➡ 27+26=□

자기 점수에 ○표 하세요

맞힌 개수	6개 이하	7~8개	9~10개	11~12개
학습 방법	개념을 다시 공부하세요.	조금 더 노력하세요.	실수하면 안 돼요.	참 잘했어요.

덧셈과 뺄셈의 관계

월 일
분 초
/20

정답 48쪽

빈칸에 알맞은 수를 넣으세요.

① 61+□=66

② 26+□=79

③ 48+□=52

④ 32+□=91

⑤ 27+□=62

⑥ □+12=61

⑦ □+3=56

⑧ □+62=64

⑨ □+2=70

⑩ □+26=73

⑪ 67−□=62

⑫ 44−□=23

⑬ 51−□=49

⑭ 34−□=7

⑮ 85−□=56

⑯ □−16=16

⑰ □−27=36

⑱ □−16=55

⑲ □−36=58

⑳ □−34=48

자기 점수에 ○표 하세요

맞힌 개수	12개 이하	13~16개	17~18개	19~20개
학습 방법	개념을 다시 공부하세요.	조금 더 노력하세요.	실수하면 안 돼요.	참 잘했어요.

세 단계 묶어 풀기 O27 ~ O29단계
덧셈과 뺄셈 종합/덧셈과 뺄셈의 관계

월 일
분 초
/12

정답 49쪽

계산을 하세요.

❶
	9	4
+	8	3

❷
	3	3
−	2	9

❸
	6	8
+	5	9

❹
	8	6
−	5	9

❺ 72−65
−		

❻ 92+48
+		

❼ 64−28
−		

❽ 85+69
+		

빈칸에 알맞은 수를 넣으세요.

❾ 36+47=36+□+7
=□+7
=□

❿ 83−15=83−□−2
=□−2
=□

⓫ 58+24=□
➡ 82−24=□
➡ 82−58=□

⓬ 72−47=□
➡ 47+25=□
➡ 25+47=□

창의력 쑥쑥!

수학 퀴즈

아래는 1에서 9까지의 숫자를 이용하여
만든 수를 더한 것입니다. 각 줄의 자릿수도 같고
이때 사용한 숫자도 같습니다. 둘 중 총합이
더 큰 것은 어느 쪽일까요?

987654321	123456789
+ 87654321	+ 123456780
+ 7654321	+ 123456700
+ 654321	+ 123456000
+ 54321	+ 123450000
+ 4321	+ 123400000
+ 321	+ 123000000
+ 21	+ 120000000
+ 1	+ 100000000

답 양쪽의 덧셈을 모두 계산해서 비교하려면 힘들 수밖에 없습니다. 그런데 문제에서 양쪽의 총합이 얼마인지 물어본 게 아니라 어느 쪽이 더 큰지 비교하라고 했으니 꼭 아홉 자리 수 덧셈을 하지 않아도 되는 방법이 있어요. 바로 일의 자리, 십의 자리, 백의 자리, …… 각 자리의 합을 비교하는 거예요. 왼쪽 덧셈의 일의 자리 합은 9, 오른쪽 덧셈의 일의 자리 합도 9입니다. 십의 자리는요? 왼쪽은 2를 여덟 번 더하는 거니까 16, 오른쪽은 8+8=16. 십의 자리 합도 같군요. 이런 식으로 백의 자리, 천의 자리, …… 제일 왼쪽의 억의 자리까지 비교해 보면 모두 같습니다. 각 자리의 합이 같으니 총합도 같습니다! 처음 봤을 때 계산할 것이 많다고 해서 겁먹지 마세요.

잘 보면 쉽게 계산할 수 있는 방법이 있답니다.

030 단계 세 수의 혼합 계산

◆스스로 학습 관리표◆

- 매일 맞힌 개수를 적고, 걸린 시간만큼 색칠해 보세요.
(눈금 1칸은 1분이며, 초는 표의 상단에 적으세요.)
- 하루하루 지날수록 실력이 자라고, 계산 속도가 빨라지는 것을 눈으로 직접 확인할 수 있습니다.

A

(초)	(초)	(초)	(초)	(초)
1일 차	2일 차	3일 차	4일 차	5일 차

B

(초)	(초)	(초)	(초)	(초)
1일 차	2일 차	3일 차	4일 차	5일 차

30분
25분
20분
15분
10분
5분
0분

맞힌 개수

A					B				
/20	/20	/20	/20	/20	/12	/12	/12	/12	/12

◆개념 포인트◆

세 수의 혼합 계산

덧셈이 연이어 있는 계산이나 연이어 뺄셈을 하는 계산, 덧셈과 뺄셈이 섞여 있는 계산은 어떻게 할까요?
계산이 많다고 어렵게 생각하지 마세요. 앞에서부터 두 수씩 차근차근 계산하면 답을 구할 수 있습니다.

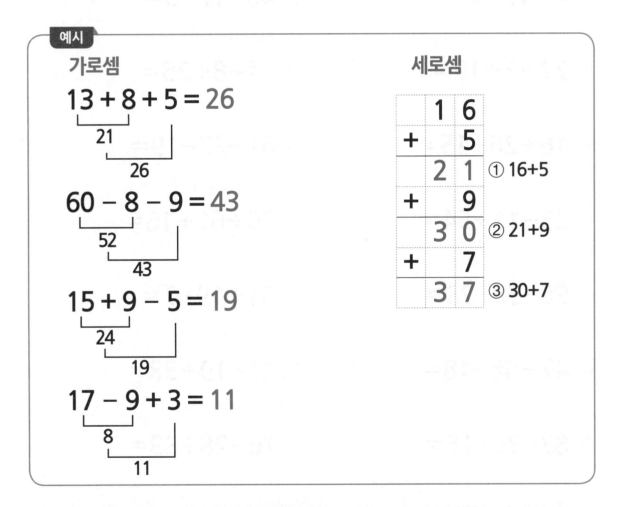

예시

가로셈

$13 + 8 + 5 = 26$

21

26

$60 - 8 - 9 = 43$

52

43

$15 + 9 - 5 = 19$

24

19

$17 - 9 + 3 = 11$

8

11

세로셈

	1	6	
+		5	
	2	1	① 16+5
+		9	
	3	0	② 21+9
+		7	
	3	7	③ 30+7

덧셈, 뺄셈을 완전히 익힐 수 있도록 연습하는 단계입니다. 덧셈과 뺄셈이 연이어 있거나 섞여 있는 문제는 많은 집중력을 필요로 합니다. 아이가 집중력을 갖고 끝까지 풀어낼 수 있도록 격려해 주세요. 칭찬이 아이의 수학 잠재력을 깨울 수 있어요.

1일차 A형

세 수의 혼합 계산

월 일
분 초
/20

✎ 계산을 하세요.

❶ $8+7+4=$

❷ $16+3-8=$

❸ $4+17+2=$

❹ $40-17-9=$

❺ $22+7+19=$

❻ $14-8+25=$

❼ $16+26+15=$

❽ $61-27-19=$

❾ $23-17+54=$

❿ $25+61+16=$

⓫ $96-38-23=$

⓬ $51+19-7=$

⓭ $47+46-18=$

⓮ $21-19+38=$

⓯ $82-39-15=$

⓰ $76-28+39=$

⓱ $33+48-29=$

⓲ $93-59-18=$

⓳ $62-39+74=$

⓴ $25+69-36=$

자기 점수에 ○표 하세요

맞힌 개수	12개 이하	13~16개	17~18개	19~20개
학습 방법	개념을 다시 공부하세요.	조금 더 노력하세요.	실수하면 안 돼요.	참 잘했어요.

1일차 B형

세 수의 혼합 계산

월	일
분	초
	/12

정답 50쪽

계산을 하세요.

❶
```
  35
+  8
----

+  9
----
```

❷
```
  53
-  7
----

-  8
----
```

❸
```
  24
+ 17
----

+ 36
----
```

❹
```
  43
+ 12
----

+ 37
----
```

❺
```
  61
- 37
----

- 11
----
```

❻
```
  76
- 49
----

+ 25
----
```

❼
```
  29
+  8
----

+ 51
----
```

❽
```
  88
- 29
----

- 30
----
```

❾
```
  35
+ 26
----

- 47
----
```

❿
```
  62
+ 14
----

+ 23
----
```

⓫
```
  75
- 38
----

- 24
----
```

⓬
```
  21
+ 59
----

- 37
----
```

자기 점수에 ○표 하세요

맞힌 개수	6개 이하	7~8개	9~10개	11~12개
학습 방법	개념을 다시 공부하세요.	조금 더 노력하세요.	실수하면 안 돼요.	참 잘했어요.

2일차 A형

세 수의 혼합 계산

월	일
분	초
	/20

✎ 계산을 하세요.

① 23+4+9=

② 26+16−7=

③ 60+27+14=

④ 47−7−19=

⑤ 26+31+28=

⑥ 44−9+31=

⑦ 17+28+39=

⑧ 96−29−57=

⑨ 88−47+59=

⑩ 65+27−16=

⑪ 76−31−29=

⑫ 55+36−49=

⑬ 21+38−15=

⑭ 28−15+56=

⑮ 93−28−48=

⑯ 41−17+62=

⑰ 19+35−47=

⑱ 87−49−19=

⑲ 72−61+40=

⑳ 29+69−53=

자기 점수에 ○표 하세요

맞힌 개수	12개 이하	13~16개	17~18개	19~20개
학습 방법	개념을 다시 공부하세요.	조금 더 노력 하세요.	실수하면 안 돼요.	참 잘했어요.

세 수의 혼합 계산

월 일
분 초
/12

정답 51쪽

계산을 하세요.

❶
	3	7
+	1	1
+		5

❷
	4	6
−	2	4
−		8

❸
	8	5
−	3	9
+	1	4

❹
	2	5
+	6	1
−	1	3

❺
	9	4
−	1	8
−	3	2

❻
	4	1
−	2	6
+	5	4

❼
	1	7
+	3	1
+	2	9

❽
	6	8
−	3	9
−	1	5

❾
	8	4
−	3	8
−	2	1

❿
	9	5
−	4	8
+	2	6

⓫
	7	0
−	2	6
+	1	7

⓬
	3	2
−	1	7
+	7	4

자기 점수에 ○표 하세요

맞힌 개수	6개 이하	7~8개	9~10개	11~12개
학습 방법	개념을 다시 공부하세요.	조금 더 노력하세요.	실수하면 안 돼요.	참 잘했어요.

세 수의 혼합 계산

월	일
분	초
	/20

계산을 하세요.

❶ $37+42+9=$

❷ $79+4-9=$

❸ $4+19+62=$

❹ $20-3-9=$

❺ $33-8+17=$

❻ $64-29+6=$

❼ $17+14+59=$

❽ $85-38-16=$

❾ $23-18+9=$

❿ $45+28+27=$

⓫ $82-19-40=$

⓬ $44+67-28=$

⓭ $54+27-35=$

⓮ $83-47+61=$

⓯ $98-27-35=$

⓰ $60-48+56=$

⓱ $20+52-19=$

⓲ $89-13-28=$

⓳ $75-48+36=$

⓴ $30+25-16=$

자기 점수에 ○표 하세요

맞힌 개수	12개 이하	13~16개	17~18개	19~20개
학습 방법	개념을 다시 공부하세요.	조금 더 노력하세요.	실수하면 안 돼요.	참 잘했어요.

세 수의 혼합 계산

월	일
분	초
	/12

정답 52쪽

계산을 하세요.

❶ 59 + 4 + 7

❷ 61 − 4 − 5

❸ 16 + 37 − 22

❹ 42 + 29 + 5

❺ 82 − 27 − 12

❻ 38 + 54 − 66

❼ 17 + 52 + 16

❽ 75 − 26 − 38

❾ 84 − 38 − 21

❿ 95 − 48 + 26

⓫ 70 − 26 + 47

⓬ 44 − 37 + 61

자기 점수에 ○표 하세요

맞힌 개수	6개 이하	7~8개	9~10개	11~12개
학습 방법	개념을 다시 공부하세요.	조금 더 노력 하세요.	실수하면 안 돼요.	참 잘했어요.

4일차 A형

세 수의 혼합 계산

월	일
분	초
	/20

계산을 하세요.

❶ 60+7+4=

❷ 25+9−6=

❸ 17+36+19=

❹ 48−3−7=

❺ 28+47+18=

❻ 15−6+49=

❼ 32+37+24=

❽ 81−33−19=

❾ 30−13+45=

❿ 23+27+38=

⓫ 76−27−15=

⓬ 74+26−81=

⓭ 24+26−5=

⓮ 91−37+13=

⓯ 78−19−36=

⓰ 36−28+56=

⓱ 20+64−49=

⓲ 60−27−15=

⓳ 95−48+27=

⓴ 57+31−64=

자기 점수에 ○표 하세요

맞힌 개수	12개 이하	13~16개	17~18개	19~20개
학습 방법	개념을 다시 공부하세요.	조금 더 노력 하세요.	실수하면 안 돼요.	참 잘했어요.

4일차 B형

세 수의 혼합 계산

월 일
분 초
/12

정답 53쪽

계산을 하세요.

❶
$$\begin{array}{r} 17 \\ +\ 15 \\ \hline \\ +\ \ 6 \\ \hline \end{array}$$

❷
$$\begin{array}{r} 39 \\ -\ \ 7 \\ \hline \\ -\ \ 4 \\ \hline \end{array}$$

❸
$$\begin{array}{r} 51 \\ +\ 24 \\ \hline \\ -\ 39 \\ \hline \end{array}$$

❹
$$\begin{array}{r} 75 \\ -\ 38 \\ \hline \\ +\ 15 \\ \hline \end{array}$$

❺
$$\begin{array}{r} 90 \\ -\ 19 \\ \hline \\ -\ 48 \\ \hline \end{array}$$

❻
$$\begin{array}{r} 63 \\ +\ 28 \\ \hline \\ -\ 15 \\ \hline \end{array}$$

❼
$$\begin{array}{r} 23 \\ +\ 49 \\ \hline \\ +\ 24 \\ \hline \end{array}$$

❽
$$\begin{array}{r} 73 \\ -\ 35 \\ \hline \\ -\ 21 \\ \hline \end{array}$$

❾
$$\begin{array}{r} 54 \\ +\ 19 \\ \hline \\ -\ 36 \\ \hline \end{array}$$

❿
$$\begin{array}{r} 55 \\ +\ 15 \\ \hline \\ -\ 22 \\ \hline \end{array}$$

⓫
$$\begin{array}{r} 98 \\ -\ 64 \\ \hline \\ +\ 55 \\ \hline \end{array}$$

⓬
$$\begin{array}{r} 73 \\ -\ 57 \\ \hline \\ +\ 49 \\ \hline \end{array}$$

자기 점수에 ○표 하세요

맞힌 개수	6개 이하	7~8개	9~10개	11~12개
학습 방법	개념을 다시 공부하세요.	조금 더 노력하세요.	실수하면 안 돼요.	참 잘했어요.

세 수의 혼합 계산

월 일
분 초
/20

✎ 계산을 하세요.

❶ $47+2+9=$

❷ $39+5-8=$

❸ $43+17+5=$

❹ $80-8-19=$

❺ $20+39+44=$

❻ $67-18+35=$

❼ $16+58+15=$

❽ $84-27-39=$

❾ $30-26+55=$

❿ $29+48+39=$

⓫ $86-58-13=$

⓬ $49+36-57=$

⓭ $77+16-45=$

⓮ $64-17+25=$

⓯ $82-34-17=$

⓰ $16-8+79=$

⓱ $59+22-14=$

⓲ $72-19-23=$

⓳ $65-16+45=$

⓴ $34+18-43=$

자기 점수에 ○표 하세요

맞힌 개수	12개 이하	13~16개	17~18개	19~20개
학습 방법	개념을 다시 공부하세요.	조금 더 노력 하세요.	실수하면 안 돼요.	참 잘했어요.

세 수의 혼합 계산

월 일
분 초
/12

정답 54쪽

계산을 하세요.

❶
	2	1
+	6	8
+		3

❷
	7	3
−		2
−	1	0

❸
	4	4
+	3	8
−	1	6

❹
	1	9
−		8
+	3	2

❺
	8	6
−	2	7
−	2	3

❻
	2	9
+	6	3
−	5	8

❼
	3	8
+	2	8
+	1	6

❽
	9	5
−	2	6
−	4	8

❾
	3	6
+	7	5
−	6	4

❿
	4	1
+	3	7
−	2	5

⓫
	3	3
−	1	9
+	6	1

⓬
	6	2
−	4	5
+	2	7

자기 점수에 ○표 하세요

맞힌 개수	6개 이하	7~8개	9~10개	11~12개
학습 방법	개념을 다시 공부하세요.	조금 더 노력하세요.	실수하면 안 돼요.	참 잘했어요.

전체 묶어 풀기 021~030단계
자연수의 덧셈과 뺄셈 발전

월 일
분 초
/16

정답 55쪽

계산을 하세요.

❶
	6	7
+		5

❷
	4	6
+	8	2

❸
	2	9
+	3	3

❹
	7	8
+	3	2

❺
	5	2
−	2	8

❻
	6	3
−	1	6

❼
	6	1
−	2	2

❽
	8	0
−	2	4

빈칸에 알맞은 수를 넣으세요.

❾ 66+37=70+□−4
=□−4
=□

❿ 94−56=94−□−2
=□−2
=□

⓫ 54+□=81

⓬ 72−□=9

계산을 하세요.

⓭
	2	3
+	3	9
+	1	9

⓮
	4	1
+	3	7
−	2	5

⓯
	3	3
−	1	9
+	5	1

⓰
	8	2
−	2	5
−	2	7

창의력 쑥쑥!

수학 퀴즈

여덟 장의 종이에 1, 2, 3, 4, 5, 7, 8, 9를 하나씩 적어 숫자 카드를 만들어 주세요. 오른쪽처럼 두 줄로 늘어놓고 각각을 더해 보세요. 양쪽의 합이 다르지요? 왼쪽 줄에서 하나를 골라 오른쪽 줄의 하나와 맞바꾸면 양쪽의 합이 같게 만들 수 있다고 합니다. 과연 가능한 일일까요? 만일 가능하다면, 어떤 카드를 맞바꿔야 할까요?

1	3
2	4
7	5
+ 9	+ 8
19	20

답 양쪽 줄의 합이 같다면 그 합이 짝수여야 하는데, 왼쪽 줄의 합은 홀수이고, 오른쪽 줄의 합은 짝수이기 때문에 양쪽 줄의 수의 합은 홀수입니다. 그냥 이대로는 아무리 카드를 바꿔도 양쪽의 합이 같게 만들 수 없어요. 양쪽 줄의 수의 합을 같게 하려면 숫자 카드에 적힌 수를 바꿀 수밖에 없답니다. 왼쪽 줄의 9가 적힌 숫자 카드를 돌려서 숫자 6이 적힌 카드로 바꾸어서 오른쪽 줄의 8과 바꿔 보세요!

1	3
2	4
7	5
+ 8	+ 6
18	18

우와~ 벌써 한 권을 다 풀었어요!
실력과 성적이 쑥쑥 올라가는 소리 들리죠?

《계산의 신》 4권에서는 네 자리 수에 대한 것과 곱셈구구를 배워요.
2의 단부터 9의 단까지 곱셈구구를 함께 공부해 볼까요?^^

개발 책임 이운영
편집 관리 윤용민
디자인 이현지 임성자
온라인 강진식
마케팅 박진용
관리 장희정
용지 영지페이퍼
인쇄 제본 벽호·GKC
유통 북앤북

학부모 체험단의 교재 Review

강현아 (서울_신중초) **김명진** (서울_신도초) **김정선** (원주_문막초) **김진영** (서울_백운초)
나현경 (인천_원당초) **방윤정** (서울_김서초) **안조혁** (전주_온빛초) **오정화** (광주_양산초)
이향숙 (서울_금양초) **이혜선** (서울_홍파초) **전예원** (서울_금양초)

♥ <계산의 신>은 초등학교 학생들의 기본 계산력을 향상시킬 수 있는 최적의 교재입니다. 처음에는 반복 계산이 많아 아이가 지루해하고 계산 실수를 많이 하는 것 같았는데, 점점 계산 속도가 빨라지고 실수도 확연히 줄어 아주 좋았어요.^^

- 서울 서초구 신중초등학교 학부모 강현아

♥ 우리 아이는 수학을 싫어해서 수학 문제집을 좀처럼 풀지 않으려 했는데, 의외로 <계산의 신>은 하루에 2쪽씩 꾸준히 푸네요. 너무 신기하고 뿌듯하여 아이에게 물었더니 "이 책은 숫자만 있어서 쉬운 것 같고, 빨리빨리 풀 수 있어서 좋아요." 라고 하네요. 요즘은 일반 문제집도 집중하여 잘 푸는 것 같아 기특합니다.^^ <계산의 신>은 우리 아이에게 수학에 대한 흥미와 재미를 주는 고마운 책입니다.

- 전주 덕진구 온빛초등학교 학부모 안조혁

♥ 초등 3학년인 우리 아이는 수학을 잘하는 편은 아니지만 제 나름대로 하루에 4~6쪽을 풀었어요. 그러면서 "엄마, 이 책 다 풀고 책 제목처럼 계산의 신이 될 거예요~" 하며 능청떠는 아이의 모습이 정말 예쁘고 대견하네요. <계산의 신>이 비록 계산력을 연습시키는 쉬운 교재이지만 이 교재로 인해 우리 아이가 수학에 관심을 갖고, 앞으로도 수학을 계속 좋아했으면 하는 바람입니다.

- 광주 북구 양산초등학교 학부모 오정화

♥ <계산의 신>은 학부모의 마음까지 헤아려 만든 좋은 책인 것 같아요. 아이가 평소 '시간의 합과 차'를 어려워하여 걱정을 많이 했었는데, <계산의 신>은 그 부분까지 상세하게 다루고 있어 무척 좋았어요. 학생들이 힘들어하는 부분까지 세심하게 파악하여 만든 문제집이라고 생각해요.

- 서울 용산구 금양초등학교 학부모 이향숙

《계산의 신》은

★ 최신 교육과정에 맞춘 단계별 계산 프로그램으로 계산법 완벽 습득
★ '단계별 묶어 풀기', '전체 묶어 풀기'로 체계적 복습까지 한 번에!
★ 좌뇌와 우뇌를 고르게 계발하는 수학 이야기와 수학 퀴즈로 창의성 쑥쑥!

아이들이 수학 문제를 풀 때 자꾸 실수하는 이유는 바로 계산력이 부족하기 때문입니다. 계산 문제에서 실수를 줄이면 점수가 오르고, 점수가 오르면 수학에 자신감이 생깁니다. 아이들에게 《계산의 신》으로 수학의 재미와 자신감을 심어 주세요.

	《계산의 신》 권별 핵심 내용		
초등 1학년	1권	자연수의 덧셈과 뺄셈 기본(1)	합과 차가 9까지인 덧셈과 뺄셈 받아올림/내림이 없는 (두 자리 수)±(한 자리 수)
	2권	자연수의 덧셈과 뺄셈 기본(2)	받아올림/내림이 없는 (두 자리 수)±(두 자리 수) 받아올림/내림이 있는 (한/두 자리 수)±(한 자리 수)
초등 2학년	3권	자연수의 덧셈과 뺄셈 발전	(두 자리 수)±(한 자리 수) (두 자리 수)±(두 자리 수)
	4권	네 자리 수/곱셈구구	네 자리 수 곱셈구구
초등 3학년	5권	자연수의 덧셈과 뺄셈/곱셈과 나눗셈	(세 자리 수)±(세 자리 수), (두 자리 수)×(한 자리 수) 곱셈구구 범위에서의 나눗셈
	6권	자연수의 곱셈과 나눗셈 발전	(세 자리 수)×(한 자리 수), (두 자리 수)×(두 자리 수) (두/세 자리 수)÷(한 자리 수)
초등 4학년	7권	자연수의 곱셈과 나눗셈 심화	(세 자리 수)×(두 자리 수) (두/세 자리 수)÷(두 자리 수)
	8권	분수와 소수의 덧셈과 뺄셈 기본	분모가 같은 분수의 덧셈과 뺄셈 소수의 덧셈과 뺄셈
초등 5학년	9권	자연수의 혼합 계산/분수의 덧셈과 뺄셈	자연수의 혼합 계산, 약수와 배수, 약분과 통분 분모가 다른 분수의 덧셈과 뺄셈
	10권	분수와 소수의 곱셈	(분수)×(자연수), (분수)×(분수) (소수)×(자연수), (소수)×(소수)
초등 6학년	11권	분수와 소수의 나눗셈 기본	(분수)÷(자연수), (소수)÷(자연수) (자연수)÷(자연수)
	12권	분수와 소수의 나눗셈 발전	(분수)÷(분수), (자연수)÷(분수), (소수)÷(소수), (자연수)÷(소수), 비례식과 비례배분

KAIST 출신 수학 선생님들이 집필한

계산의 신 神

송명진·박종하 지음

3 초등 2-1

자연수의 덧셈과 뺄셈 발전

정답 및 풀이

KAIST 출신 수학 선생님들이 집필한

계산의 신神

송명진·박종하 지음

3 초등 2학년 1학기

정 답

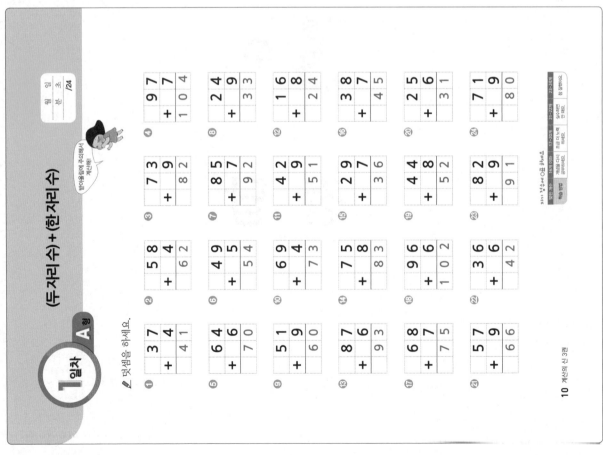

1일차 A형 (두 자리 수)+(한 자리 수)

월 일
분 초
/24

받아올림에 주의해서 계산해!

덧셈을 하세요.

❶ $37 + 4 = 41$
❷ $58 + 4 = 62$
❸ $73 + 9 = 82$
❹ $97 + 7 = 104$
❺ $64 + 6 = 70$
❻ $49 + 5 = 54$
❼ $85 + 7 = 92$
❽ $24 + 9 = 33$
❾ $51 + 9 = 60$
❿ $69 + 4 = 73$
⓫ $42 + 9 = 51$
⓬ $16 + 8 = 24$
⓭ $87 + 6 = 93$
⓮ $75 + 8 = 83$
⓯ $29 + 7 = 36$
⓰ $38 + 7 = 45$
⓱ $68 + 7 = 75$
⓲ $96 + 6 = 102$
⓳ $44 + 8 = 52$
⓴ $25 + 6 = 31$
㉑ $57 + 9 = 66$
㉒ $36 + 6 = 42$
㉓ $82 + 9 = 91$
㉔ $71 + 9 = 80$

자기 점수에 ○표 하세요.

맞힌 개수	16개 이하	17~20개	21~22개	23~24개
학습 방법	개념을 다시 공부하세요.	조금 더 노력 하세요.	실수하면 안 돼요.	참 잘했어요.

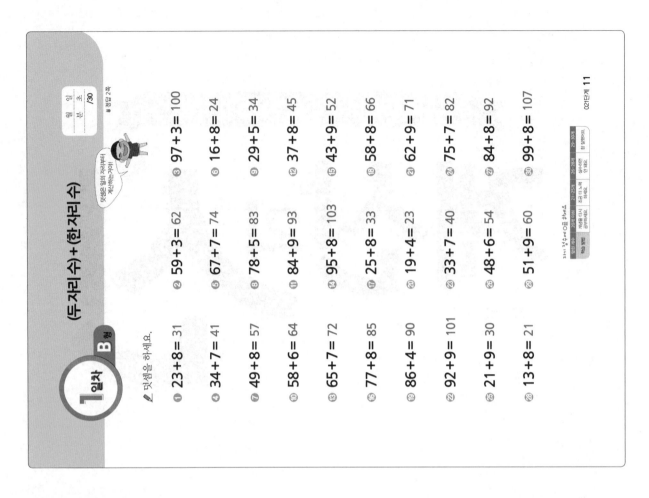

1일차 B형 (두 자리 수)+(한 자리 수)

월 일
분 초
/30

덧셈은 일의 자리부터 계산하는거야!

정답 2쪽

덧셈을 하세요.

❶ 23+8= 31
❷ 59+3= 62
❸ 97+3= 100
❹ 34+7= 41
❺ 67+7= 74
❻ 16+8= 24
❼ 49+8= 57
❽ 78+5= 83
❾ 29+5= 34
❿ 58+6= 64
⓫ 84+9= 93
⓬ 37+8= 45
⓭ 65+7= 72
⓮ 95+8= 103
⓯ 43+9= 52
⓰ 77+8= 85
⓱ 25+8= 33
⓲ 58+8= 66
⓳ 86+4= 90
⓴ 19+4= 23
㉑ 62+9= 71
㉒ 92+9= 101
㉓ 33+7= 40
㉔ 75+7= 82
㉕ 21+9= 30
㉖ 48+6= 54
㉗ 84+8= 92
㉘ 13+8= 21
㉙ 51+9= 60
㉚ 99+8= 107

자기 점수에 ○표 하세요.

맞힌 개수	20개 이하	21~25개	26~28개	29~30개
학습 방법	개념을 다시 공부하세요.	조금 더 노력 하세요.	실수하면 안 돼요.	참 잘했어요.

2일차 A형

(두자리 수)+(한자리 수)

월	일
분	초
	/24

덧셈을 하세요.

번호	문제	답
❶	49 + 7	56
❷	86 + 8	94
❸	54 + 6	60
❹	37 + 9	46
❺	49 + 8	57
❻	88 + 8	96
❼	59 + 9	68
❽	77 + 7	84
❾	65 + 5	70
❿	29 + 8	37
⓫	38 + 6	44
⓬	19 + 2	21
⓭	74 + 6	80
⓮	83 + 8	91
⓯	67 + 6	73
⓰	95 + 7	102
⓱	32 + 8	40
⓲	59 + 6	65
⓳	25 + 9	34
⓴	64 + 8	72
㉑	35 + 8	43
㉒	42 + 9	51
㉓	12 + 8	20
㉔	75 + 7	82

자기 점수에 ○표 하세요

맞힌 개수	16개 이하	17~20개	21~22개	23~24개
학습 방법	개념을 다시 공부하세요.	조금 더 노력 하세요.	실수하면 안 돼요.	참 잘했어요.

2일차 B형

(두자리 수)+(한자리 수)

월	일
분	초
	/30

정답 3쪽

덧셈을 하세요.

❶ 42+8= 50 ❷ 93+8= 101 ❸ 33+9= 42

❹ 14+7= 21 ❺ 16+7= 23 ❻ 56+8= 64

❼ 79+6= 85 ❽ 84+8= 92 ❾ 27+9= 36

❿ 46+6= 52 ⓫ 36+5= 41 ⓬ 74+6= 80

⓭ 68+4= 72 ⓮ 65+9= 74 ⓯ 25+6= 31

⓰ 26+8= 34 ⓱ 67+9= 76 ⓲ 54+9= 63

⓳ 44+7= 51 ⓴ 16+4= 20 ㉑ 31+9= 40

㉒ 24+8= 32 ㉓ 68+7= 75 ㉔ 45+8= 53

㉕ 34+9= 43 ㉖ 27+6= 33 ㉗ 73+9= 82

㉘ 53+9= 62 ㉙ 36+8= 44 ㉚ 96+8= 104

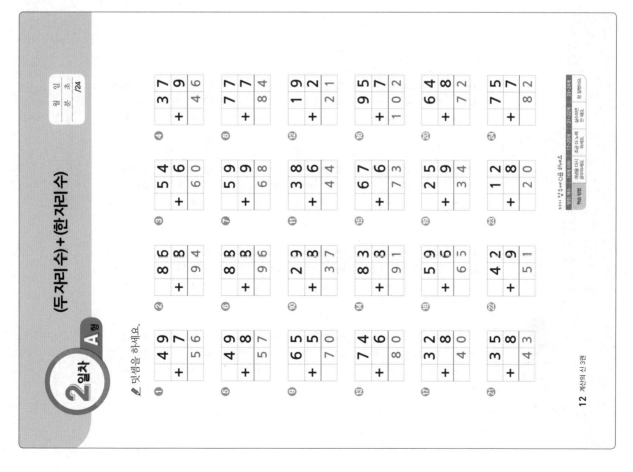

자기 점수에 ○표 하세요

맞힌 개수	20개 이하	21~25개	26~28개	29~30개
학습 방법	개념을 다시 공부하세요.	조금 더 노력 하세요.	실수하면 안 돼요.	참 잘했어요.

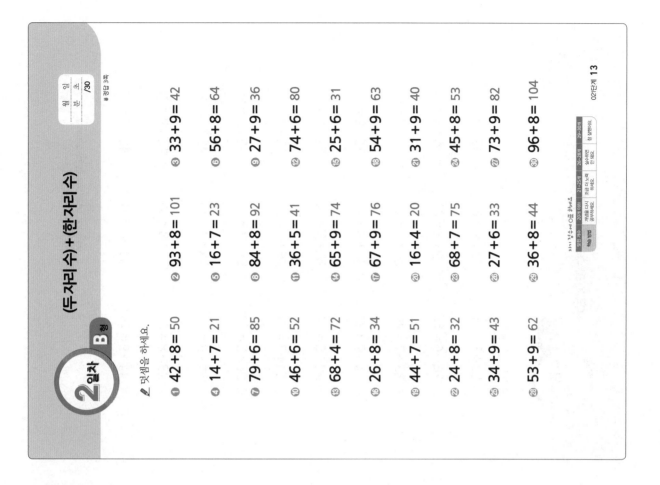

3일차 A형 (두 자리 수)+(한 자리 수)

월 일 / 분 초 / /24

덧셈을 하세요.

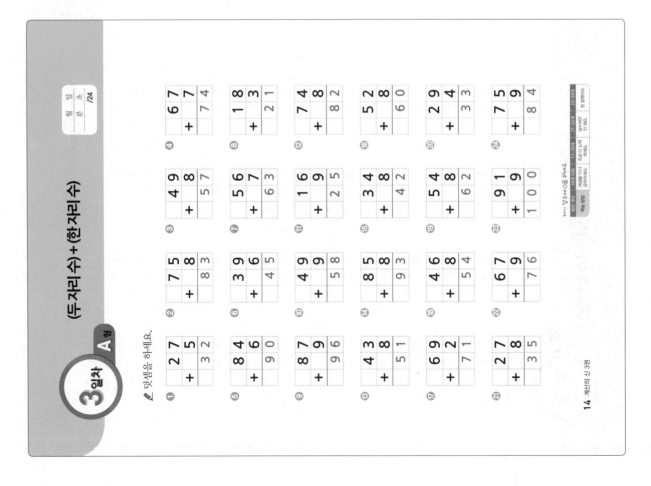

① 27 + 5 = 32
② 75 + 8 = 83
③ 49 + 8 = 57
④ 67 + 7 = 74
⑤ 84 + 6 = 90
⑥ 39 + 6 = 45
⑦ 56 + 7 = 63
⑧ 18 + 3 = 21
⑨ 87 + 9 = 96
⑩ 49 + 9 = 58
⑪ 16 + 9 = 25
⑫ 74 + 8 = 82
⑬ 43 + 8 = 51
⑭ 85 + 8 = 93
⑮ 34 + 8 = 42
⑯ 52 + 8 = 60
⑰ 69 + 2 = 71
⑱ 46 + 8 = 54
⑲ 54 + 8 = 62
⑳ 29 + 4 = 33
㉑ 27 + 8 = 35
㉒ 67 + 9 = 76
㉓ 91 + 9 = 100
㉔ 75 + 9 = 84

자기 점수에 ○표 하세요

맞힌 개수	16개 이하	17~20개	21~22개	23~24개
학습 방법	개념을 다시 공부하세요.	조금 더 노력 하세요.	실수하면 안 돼요.	참 잘했어요.

3일차 B형 (두 자리 수)+(한 자리 수)

월 일 / 분 초 / /30

정답 4쪽

덧셈을 하세요.

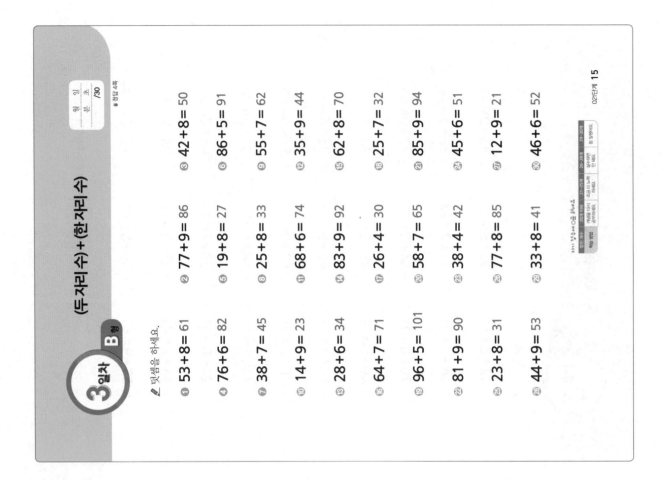

① 53+8= 61 ② 77+9= 86 ③ 42+8= 50
④ 76+6= 82 ⑤ 19+8= 27 ⑥ 86+5= 91
⑦ 38+7= 45 ⑧ 25+8= 33 ⑨ 55+7= 62
⑩ 14+9= 23 ⑪ 68+6= 74 ⑫ 35+9= 44
⑬ 28+6= 34 ⑭ 83+9= 92 ⑮ 62+8= 70
⑯ 64+7= 71 ⑰ 26+4= 30 ⑱ 25+7= 32
⑲ 96+5= 101 ⑳ 58+7= 65 ㉑ 85+9= 94
㉒ 81+9= 90 ㉓ 38+4= 42 ㉔ 45+6= 51
㉕ 23+8= 31 ㉖ 77+8= 85 ㉗ 12+9= 21
㉘ 44+9= 53 ㉙ 33+8= 41 ㉚ 46+6= 52

자기 점수에 ○표 하세요

맞힌 개수	20개 이하	21~25개	26~28개	29~30개
학습 방법	개념을 다시 공부하세요.	조금 더 노력 하세요.	실수하면 안 돼요.	참 잘했어요.

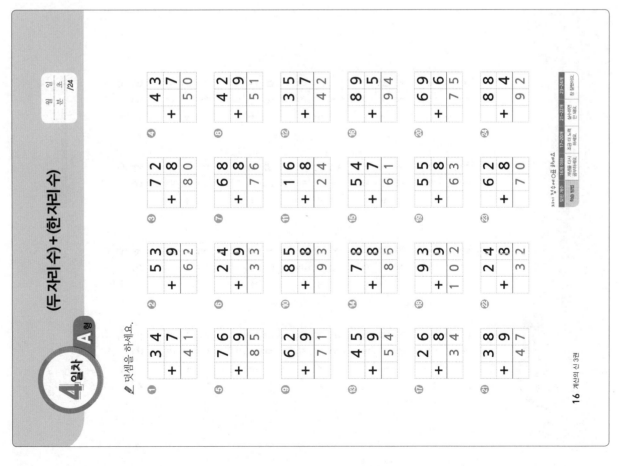

4일차 A형 (두 자리 수)+(한 자리 수)

월 일 / 분 초 / /24

덧셈을 하세요.

① 34 + 7 = 41
② 53 + 9 = 62
③ 72 + 8 = 80
④ 43 + 7 = 50
⑤ 76 + 9 = 85
⑥ 24 + 9 = 33
⑦ 68 + 8 = 76
⑧ 42 + 9 = 51
⑨ 62 + 9 = 71
⑩ 85 + 8 = 93
⑪ 16 + 8 = 24
⑫ 35 + 7 = 42
⑬ 45 + 9 = 54
⑭ 78 + 8 = 86
⑮ 54 + 7 = 61
⑯ 89 + 5 = 94
⑰ 26 + 8 = 34
⑱ 93 + 9 = 102
⑲ 55 + 8 = 63
⑳ 69 + 6 = 75
㉑ 38 + 9 = 47
㉒ 24 + 8 = 32
㉓ 62 + 8 = 70
㉔ 88 + 4 = 92

자기 점수에 ○표 하세요

맞힌 개수	16개 이하	17~20개	21~22개	23~24개
학습 방법	개념을 다시 공부하세요.	조금 더 노력하세요.	실수하면 안 돼요.	참 잘했어요.

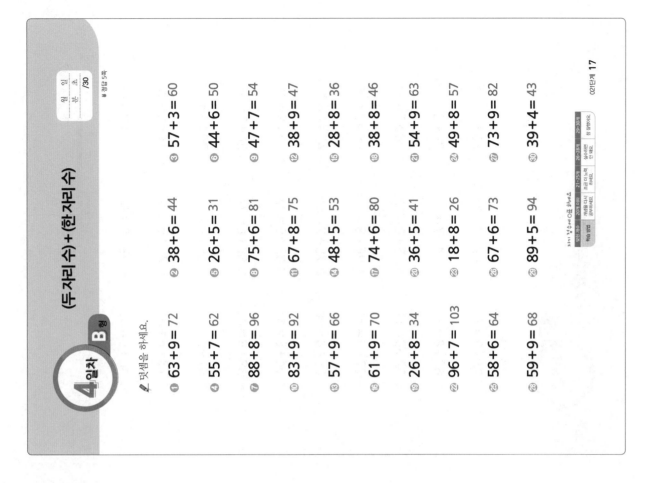

4일차 B형 (두 자리 수)+(한 자리 수)

월 일 / 분 초 / /30

정답 5쪽

덧셈을 하세요.

① 63+9= 72 ② 38+6= 44 ③ 57+3= 60
④ 55+7= 62 ⑤ 26+5= 31 ⑥ 44+6= 50
⑦ 88+8= 96 ⑧ 75+6= 81 ⑨ 47+7= 54
⑩ 83+9= 92 ⑪ 67+8= 75 ⑫ 38+9= 47
⑬ 57+9= 66 ⑭ 48+5= 53 ⑮ 28+8= 36
⑯ 61+9= 70 ⑰ 74+6= 80 ⑱ 38+8= 46
⑲ 26+8= 34 ⑳ 36+5= 41 ㉑ 54+9= 63
㉒ 96+7= 103 ㉓ 18+8= 26 ㉔ 49+8= 57
㉕ 58+6= 64 ㉖ 67+6= 73 ㉗ 73+9= 82
㉘ 59+9= 68 ㉙ 89+5= 94 ㉚ 39+4= 43

자기 점수에 ○표 하세요

맞힌 개수	20개 이하	21~25개	26~28개	29~30개
학습 방법	개념을 다시 공부하세요.	조금 더 노력하세요.	실수하면 안 돼요.	참 잘했어요.

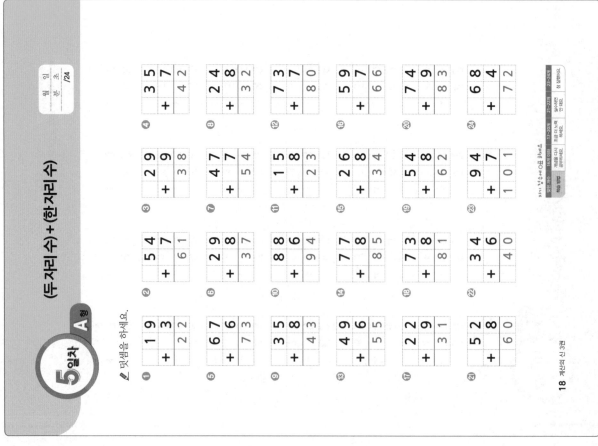

5일차 A형 (두 자리 수)+(한 자리 수)

월 일 / 분 초 / /24

덧셈을 하세요.

① 19 + 3 = 22	② 54 + 7 = 61	③ 29 + 9 = 38	④ 35 + 7 = 42
⑤ 67 + 6 = 73	⑥ 29 + 8 = 37	⑦ 47 + 7 = 54	⑧ 24 + 8 = 32
⑨ 35 + 8 = 43	⑩ 88 + 6 = 94	⑪ 15 + 8 = 23	⑫ 73 + 7 = 80
⑬ 49 + 6 = 55	⑭ 77 + 8 = 85	⑮ 26 + 8 = 34	⑯ 59 + 7 = 66
⑰ 22 + 9 = 31	⑱ 73 + 8 = 81	⑲ 54 + 8 = 62	⑳ 74 + 9 = 83
㉑ 52 + 8 = 60	㉒ 34 + 6 = 40	㉓ 94 + 7 = 101	㉔ 68 + 4 = 72

자기 점수에 ○표 하세요

맞힌 개수	16개 이하	17~20개	21~22개	23~24개
학습 방법	개념을 다시 공부하세요.	조금 더 노력 하세요.	실수하면 안 돼요.	참 잘했어요.

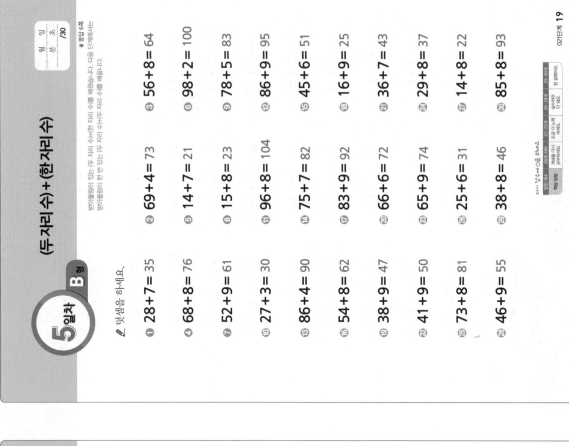

5일차 B형 (두 자리 수)+(한 자리 수)

월 일 / 분 초 / /30

정답 6쪽

받아올림이 있는 (두 자리 수)+(한 자리 수)를 배웠습니다. 다음 단계에서는 받아올림이 한 번 있는 (두 자리 수)+(두 자리 수)를 배웁니다.

덧셈을 하세요.

① 28+7= 35	② 69+4= 73	③ 56+8= 64
④ 68+8= 76	⑤ 14+7= 21	⑥ 98+2= 100
⑦ 52+9= 61	⑧ 15+8= 23	⑨ 78+5= 83
⑩ 27+3= 30	⑪ 96+8= 104	⑫ 86+9= 95
⑬ 86+4= 90	⑭ 75+7= 82	⑮ 45+6= 51
⑯ 54+8= 62	⑰ 83+9= 92	⑱ 16+9= 25
⑲ 38+9= 47	⑳ 66+6= 72	㉑ 36+7= 43
㉒ 41+9= 50	㉓ 65+9= 74	㉔ 29+8= 37
㉕ 73+8= 81	㉖ 25+6= 31	㉗ 14+8= 22
㉘ 46+9= 55	㉙ 38+8= 46	㉚ 85+8= 93

자기 점수에 ○표 하세요

맞힌 개수	20개 이하	21~25개	26~28개	29~30개
학습 방법	개념을 다시 공부하세요.	조금 더 노력 하세요.	실수하면 안 돼요.	참 잘했어요.

1일차 A형 (두 자리 수)+(두 자리 수)(1)

월 일 / 분 초 / /24

받아올리는 수를 꼭 써 줘!

덧셈을 하세요.

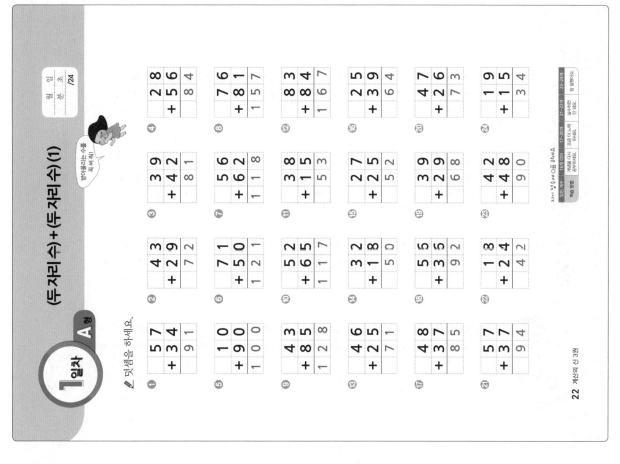

① 57 + 34 = 91
② 43 + 29 = 72
③ 39 + 42 = 81
④ 28 + 56 = 84
⑤ 10 + 90 = 100
⑥ 71 + 50 = 121
⑦ 56 + 62 = 118
⑧ 76 + 81 = 157
⑨ 43 + 85 = 128
⑩ 52 + 65 = 117
⑪ 38 + 15 = 53
⑫ 83 + 84 = 167
⑬ 46 + 25 = 71
⑭ 32 + 18 = 50
⑮ 27 + 25 = 52
⑯ 25 + 39 = 64
⑰ 48 + 37 = 85
⑱ 56 + 36 = 92
⑲ 39 + 29 = 68
⑳ 47 + 26 = 73
㉑ 57 + 37 = 94
㉒ 18 + 24 = 42
㉓ 42 + 48 = 90
㉔ 19 + 15 = 34

자기 점수에 ○표 하세요

맞힌 개수	16개 이하	17~20개	21~22개	23~24개
학습 방법	개념을 다시 공부하세요.	조금 더 노력하세요.	실수하면 안 돼요.	참 잘했어요.

1일차 B형 (두 자리 수)+(두 자리 수)(1)

월 일 / 분 초 / /30

일의 자리부터 차근차근 더해 줘!

정답 7쪽

덧셈을 하세요.

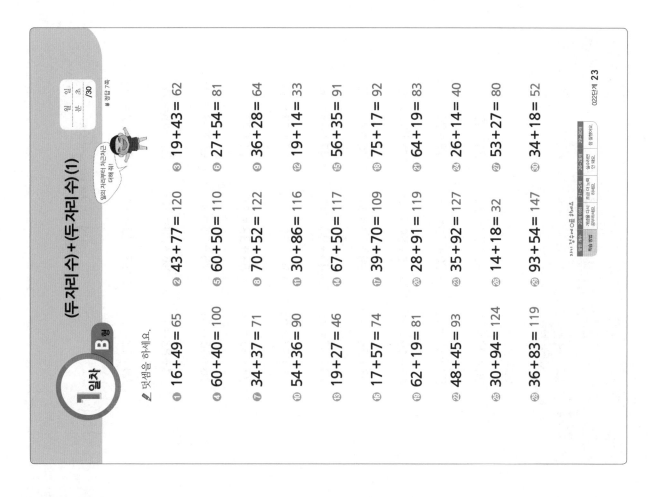

① 16+49= 65 ② 43+77= 120 ③ 19+43= 62
④ 60+40= 100 ⑤ 60+50= 110 ⑥ 27+54= 81
⑦ 34+37= 71 ⑧ 70+52= 122 ⑨ 36+28= 64
⑩ 54+36= 90 ⑪ 30+86= 116 ⑫ 19+14= 33
⑬ 19+27= 46 ⑭ 67+50= 117 ⑮ 56+35= 91
⑯ 17+57= 74 ⑰ 39+70= 109 ⑱ 75+17= 92
⑲ 62+19= 81 ⑳ 28+91= 119 ㉑ 64+19= 83
㉒ 48+45= 93 ㉓ 35+92= 127 ㉔ 26+14= 40
㉕ 30+94= 124 ㉖ 14+18= 32 ㉗ 53+27= 80
㉘ 36+83= 119 ㉙ 93+54= 147 ㉚ 34+18= 52

자기 점수에 ○표 하세요

맞힌 개수	20개 이하	21~25개	26~28개	29~30개
학습 방법	개념을 다시 공부하세요.	조금 더 노력하세요.	실수하면 안 돼요.	참 잘했어요.

2일차 A형 (두 자리 수)+(두 자리 수)(1)

월 일 / 분 초 / /24

덧셈을 하세요.

❶ 60+50=110
❷ 32+38=70
❸ 26+35=61
❹ 43+49=92
❺ 70+30=100
❻ 18+36=54
❼ 80+52=132
❽ 51+52=103
❾ 98+20=118
❿ 73+64=137
⓫ 19+14=33
⓬ 83+65=148
⓭ 64+29=93
⓮ 28+15=43
⓯ 47+36=83
⓰ 28+18=46
⓱ 39+32=71
⓲ 66+40=106
⓳ 49+13=62
⓴ 27+29=56
㉑ 47+38=85
㉒ 28+39=67
㉓ 92+94=186
㉔ 47+25=72

자기 점수에 ○표 하세요

맞힌 개수	16개 이하	17~20개	21~22개	23~24개
학습 방법	개념을 다시 공부하세요.	조금 더 노력하세요.	실수하면 안 돼요.	참 잘했어요.

2일차 B형 (두 자리 수)+(두 자리 수)(1)

월 일 / 분 초 / /30

정답 8쪽

덧셈을 하세요.

❶ 20+90= 110
❷ 15+39= 54
❸ 21+49= 70
❹ 93+30= 123
❺ 70+98= 168
❻ 18+90= 108
❼ 66+19= 85
❽ 80+69= 149
❾ 61+74= 135
❿ 93+86= 179
⓫ 39+28= 67
⓬ 40+81= 121
⓭ 29+16= 45
⓮ 40+94= 134
⓯ 42+48= 90
⓰ 16+77= 93
⓱ 94+21= 115
⓲ 26+58= 84
⓳ 37+37= 74
⓴ 58+39= 97
㉑ 21+93= 114
㉒ 18+15= 33
㉓ 75+16= 91
㉔ 65+53= 118
㉕ 24+83= 107
㉖ 96+30= 126
㉗ 26+46= 72
㉘ 39+13= 52
㉙ 38+29= 67
㉚ 93+62= 155

자기 점수에 ○표 하세요

맞힌 개수	20개 이하	21~25개	26~28개	29~30개
학습 방법	개념을 다시 공부하세요.	조금 더 노력하세요.	실수하면 안 돼요.	참 잘했어요.

3일차 A형 (두 자리 수)+(두 자리 수)(1)

월 일 / 분 초 / /24

덧셈을 하세요.

① 42 + 80 = 122
② 19 + 54 = 73
③ 16 + 16 = 32
④ 45 + 70 = 115
⑤ 80 + 56 = 136
⑥ 18 + 45 = 63
⑦ 78 + 51 = 129
⑧ 51 + 52 = 103
⑨ 94 + 45 = 139
⑩ 76 + 83 = 159
⑪ 59 + 27 = 86
⑫ 63 + 64 = 127
⑬ 27 + 39 = 66
⑭ 10 + 92 = 102
⑮ 44 + 26 = 70
⑯ 59 + 35 = 94
⑰ 49 + 28 = 77
⑱ 12 + 39 = 51
⑲ 93 + 53 = 146
⑳ 27 + 64 = 91
㉑ 33 + 19 = 52
㉒ 47 + 43 = 90
㉓ 16 + 28 = 44
㉔ 37 + 19 = 56

자기 점수에 ○표 하세요

맞힌 개수	16개 이하	17~20개	21~22개	23~24개
학습 방법	개념을 다시 공부하세요.	조금 더 노력하세요.	실수하면 안 돼요.	참 잘했어요.

3일차 B형 (두 자리 수)+(두 자리 수)(1)

월 일 / 분 초 / /30

정답 9쪽

덧셈을 하세요.

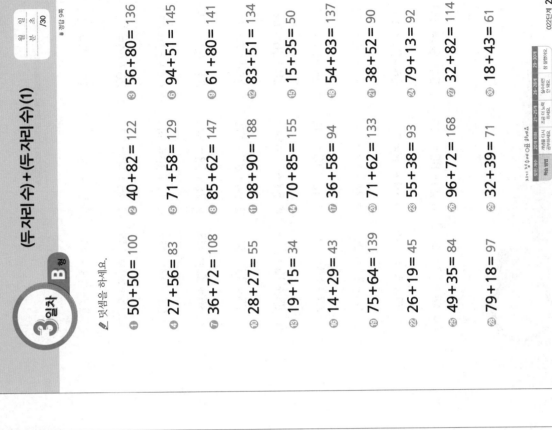

① 50+50= 100 ② 40+82= 122 ③ 56+80= 136
④ 27+56= 83 ⑤ 71+58= 129 ⑥ 94+51= 145
⑦ 36+72= 108 ⑧ 85+62= 147 ⑨ 61+80= 141
⑩ 28+27= 55 ⑪ 98+90= 188 ⑫ 83+51= 134
⑬ 19+15= 34 ⑭ 70+85= 155 ⑮ 15+35= 50
⑯ 14+29= 43 ⑰ 36+58= 94 ⑱ 54+83= 137
⑲ 75+64= 139 ⑳ 71+62= 133 ㉑ 38+52= 90
㉒ 26+19= 45 ㉓ 55+38= 93 ㉔ 79+13= 92
㉕ 49+35= 84 ㉖ 96+72= 168 ㉗ 32+82= 114
㉘ 79+18= 97 ㉙ 32+39= 71 ㉚ 18+43= 61

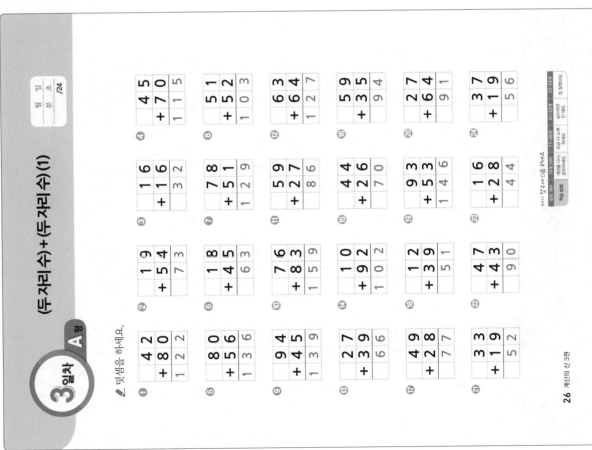

자기 점수에 ○표 하세요

맞힌 개수	20개 이하	21~25개	26~28개	29~30개
학습 방법	개념을 다시 공부하세요.	조금 더 노력하세요.	실수하면 안 돼요.	참 잘했어요.

4일차 A형 (두 자리 수)+(두 자리 수)(1)

월 일 분 초 /24

덧셈을 하세요.

❶ 63+60=123
❷ 81+88=169
❸ 26+80=106
❹ 53+92=145
❺ 76+63=139
❻ 96+21=117
❼ 84+62=146
❽ 71+64=135
❾ 93+65=158
❿ 51+62=113
⓫ 82+77=159
⓬ 72+72=144
⓭ 25+36=61
⓮ 29+24=53
⓯ 28+56=84
⓰ 53+39=92
⓱ 38+52=90
⓲ 38+28=66
⓳ 24+58=82
⓴ 24+19=43
㉑ 17+14=31
㉒ 57+19=76
㉓ 28+63=91
㉔ 46+35=81

자기 점수에 ○표 하세요

맞은 개수	16개 이하	17~20개	21~22개	23~24개
학습 방법	개념을 다시 공부하세요.	조금 더 노력 하세요.	실수하면 안 돼요.	참 잘했어요.

4일차 B형 (두 자리 수)+(두 자리 수)(1)

월 일 분 초 /30

정답 10쪽

덧셈을 하세요.

❶ 48+12= 60
❷ 25+80= 105
❸ 54+84= 138
❹ 77+42= 119
❺ 19+18= 37
❻ 56+51= 107
❼ 59+36= 95
❽ 24+19= 43
❾ 83+96= 179
❿ 47+16= 63
⓫ 40+76= 116
⓬ 66+51= 117
⓭ 88+40= 128
⓮ 53+91= 144
⓯ 28+36= 64
⓰ 18+35= 53
⓱ 94+81= 175
⓲ 38+47= 85
⓳ 36+82= 118
⓴ 26+58= 84
㉑ 81+53= 134
㉒ 91+97= 188
㉓ 17+39= 56
㉔ 64+62= 126
㉕ 75+60= 135
㉖ 46+48= 94
㉗ 26+44= 70
㉘ 27+13= 40
㉙ 58+18= 76
㉚ 93+85= 178

자기 점수에 ○표 하세요

맞은 개수	20개 이하	21~25개	26~28개	29~30개
학습 방법	개념을 다시 공부하세요.	조금 더 노력 하세요.	실수하면 안 돼요.	참 잘했어요.

5일차 A형

(두 자리 수)+(두 자리 수)(1)

월 일
분 초
/24

덧셈을 하세요.

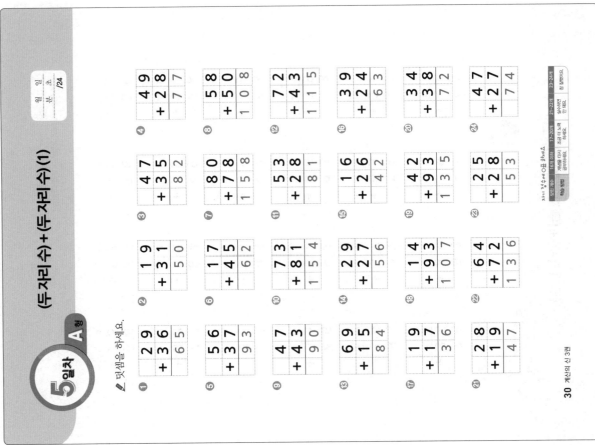

① 29 + 36 = 65
② 19 + 31 = 50
③ 47 + 35 = 82
④ 49 + 28 = 77
⑤ 56 + 37 = 93
⑥ 17 + 45 = 62
⑦ 80 + 78 = 158
⑧ 58 + 50 = 108
⑨ 47 + 43 = 90
⑩ 73 + 81 = 154
⑪ 53 + 28 = 81
⑫ 72 + 43 = 115
⑬ 69 + 15 = 84
⑭ 29 + 27 = 56
⑮ 16 + 26 = 42
⑯ 39 + 24 = 63
⑰ 19 + 17 = 36
⑱ 14 + 93 = 107
⑲ 42 + 93 = 135
⑳ 34 + 38 = 72
㉑ 28 + 19 = 47
㉒ 64 + 72 = 136
㉓ 25 + 28 = 53
㉔ 47 + 27 = 74

자기 점수에 ○표 하세요.

맞힌 개수	16개 이하	17~20개	21~22개	23~24개
학습 방법	개념을 다시 공부하세요.	조금 더 노력하세요.	실수하면 안 돼요.	참 잘했어요.

5일차 B형

(두 자리 수)+(두 자리 수)(1)

월 일
분 초
/30

정답 11쪽

이번 단계에서는 받아올림이 한 번 있는 (두 자리 수)+(두 자리 수)를 배웠습니다. 다음 단계에서는 받아올림이 두 번 있는 (두 자리 수)+(두 자리 수)를 배웁니다.

덧셈을 하세요.

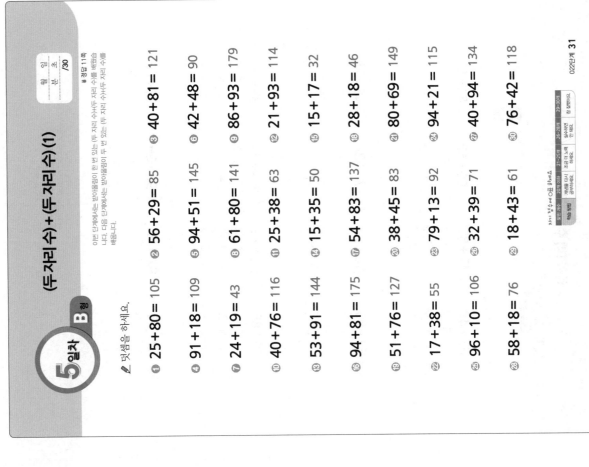

① 25+80= 105 ② 56+29= 85 ③ 40+81= 121
④ 91+18= 109 ⑤ 94+51= 145 ⑥ 42+48= 90
⑦ 24+19= 43 ⑧ 61+80= 141 ⑨ 86+93= 179
⑩ 40+76= 116 ⑪ 25+38= 63 ⑫ 21+93= 114
⑬ 53+91= 144 ⑭ 15+35= 50 ⑮ 15+17= 32
⑯ 94+81= 175 ⑰ 54+83= 137 ⑱ 28+18= 46
⑲ 51+76= 127 ⑳ 38+45= 83 ㉑ 80+69= 149
㉒ 17+38= 55 ㉓ 79+13= 92 ㉔ 94+21= 115
㉕ 96+10= 106 ㉖ 32+39= 71 ㉗ 40+94= 134
㉘ 58+18= 76 ㉙ 18+43= 61 ㉚ 76+42= 118

자기 점수에 ○표 하세요.

맞힌 개수	20개 이하	21~25개	26~28개	29~30개
학습 방법	개념을 다시 공부하세요.	조금 더 노력하세요.	실수하면 안 돼요.	참 잘했어요.

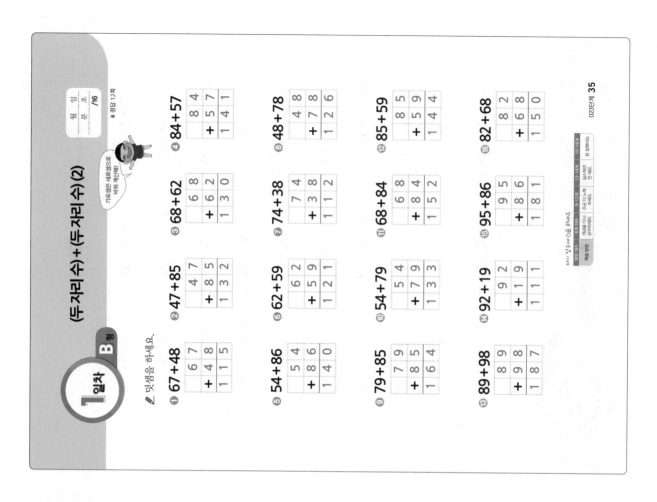

1일차 A형 (두 자리 수)+(두 자리 수) (2)

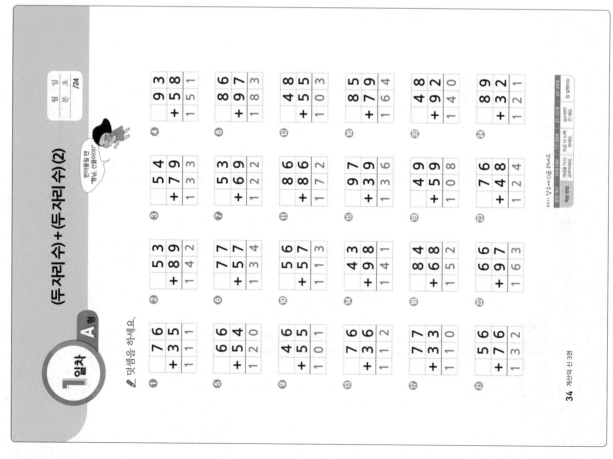

월 일 / 분 초 / /24

덧셈을 하세요.

❶ 76 + 35 = 111
❷ 53 + 89 = 142
❸ 54 + 79 = 133
❹ 93 + 58 = 151
❺ 66 + 54 = 120
❻ 77 + 57 = 134
❼ 53 + 69 = 122
❽ 86 + 97 = 183
❾ 46 + 55 = 101
❿ 56 + 57 = 113
⓫ 86 + 86 = 172
⓬ 48 + 55 = 103
⓭ 76 + 36 = 112
⓮ 43 + 98 = 141
⓯ 97 + 39 = 136
⓰ 85 + 79 = 164
⓱ 77 + 33 = 110
⓲ 84 + 68 = 152
⓳ 49 + 59 = 108
⓴ 48 + 92 = 140
㉑ 56 + 76 = 132
㉒ 66 + 97 = 163
㉓ 76 + 48 = 124
㉔ 89 + 32 = 121

자기 점수에 ○표 하세요

맞힌 개수	16개 이하	17~20개	21~22개	23~24개
학습 방법	개념을 다시 공부하세요.	조금 더 노력하세요.	실수하면 안 돼요.	참 잘했어요.

1일차 B형 (두 자리 수)+(두 자리 수) (2)

월 일 / 분 초 / /16

정답 12쪽

덧셈을 하세요.

❶ 67+48 = 115
❷ 47+85 = 132
❸ 68+62 = 130
❹ 84+57 = 141
❺ 54+86 = 140
❻ 62+59 = 121
❼ 74+38 = 112
❽ 48+78 = 126
❾ 79+85 = 164
❿ 54+79 = 133
⓫ 68+84 = 152
⓬ 85+59 = 144
⓭ 89+98 = 187
⓮ 92+19 = 111
⓯ 95+86 = 181
⓰ 82+68 = 150

자기 점수에 ○표 하세요

맞힌 개수	8개 이하	9~12개	13~14개	15~16개
학습 방법	개념을 다시 공부하세요.	조금 더 노력하세요.	실수하면 안 돼요.	참 잘했어요.

2일차 A형

(두 자리 수)+(두 자리 수) (2)

월 일 / 분 초 / /24

덧셈을 하세요.

1. 73 + 58 = 131
2. 44 + 76 = 120
3. 87 + 98 = 185
4. 39 + 79 = 118
5. 97 + 69 = 166
6. 78 + 77 = 155
7. 83 + 67 = 150
8. 66 + 45 = 111
9. 47 + 85 = 132
10. 56 + 97 = 153
11. 94 + 46 = 140
12. 48 + 65 = 113
13. 76 + 48 = 124
14. 53 + 98 = 151
15. 57 + 85 = 142
16. 87 + 49 = 136
17. 75 + 29 = 104
18. 52 + 58 = 110
19. 15 + 88 = 103
20. 89 + 92 = 181
21. 66 + 46 = 112
22. 79 + 93 = 172
23. 76 + 84 = 160
24. 69 + 31 = 100

자기 점수에 ○표 하세요.

맞힌 개수	16개 이하	17~20개	21~22개	23~24개
학습 방법	개념을 다시 공부하세요.	조금 더 노력하세요.	실수하면 안 돼요.	참 잘했어요.

2일차 B형

(두 자리 수)+(두 자리 수) (2)

월 일 / 분 초 / /16

정답 13쪽

덧셈을 하세요.

1. 68+44 = 112
2. 78+84 = 162
3. 55+98 = 153
4. 88+68 = 156
5. 94+26 = 120
6. 88+19 = 107
7. 38+97 = 135
8. 58+46 = 104
9. 28+82 = 110
10. 77+69 = 146
11. 68+86 = 154
12. 94+49 = 143
13. 83+97 = 180
14. 19+89 = 108
15. 45+69 = 114
16. 63+67 = 130

자기 점수에 ○표 하세요.

맞힌 개수	8개 이하	9~12개	13~14개	15~16개
학습 방법	개념을 다시 공부하세요.	조금 더 노력하세요.	실수하면 안 돼요.	참 잘했어요.

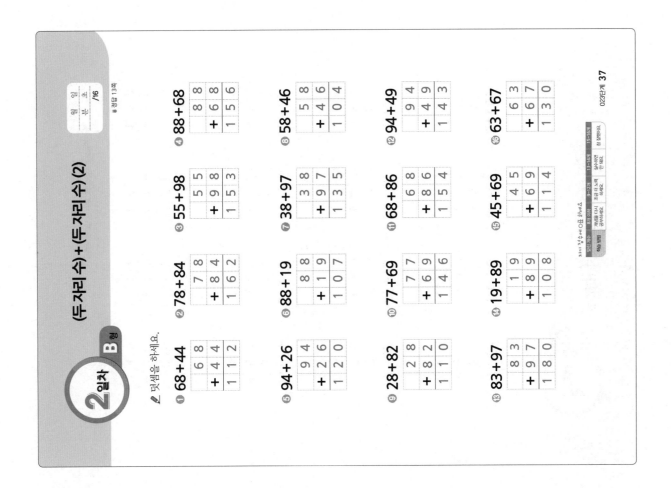

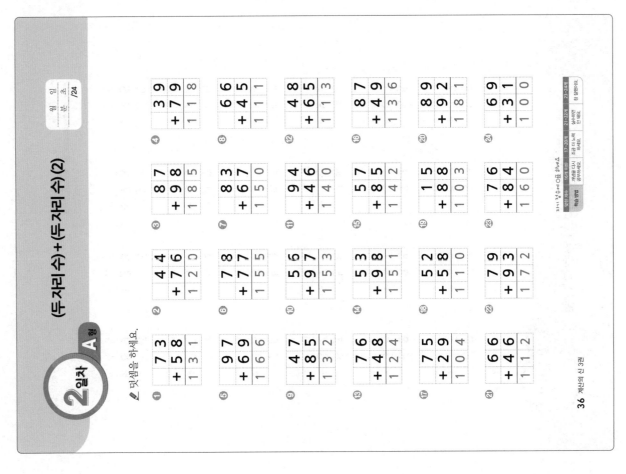

3일차 A형 (두 자리 수)+(두 자리 수)(2)

월 일
분 초
/24

덧셈을 하세요.

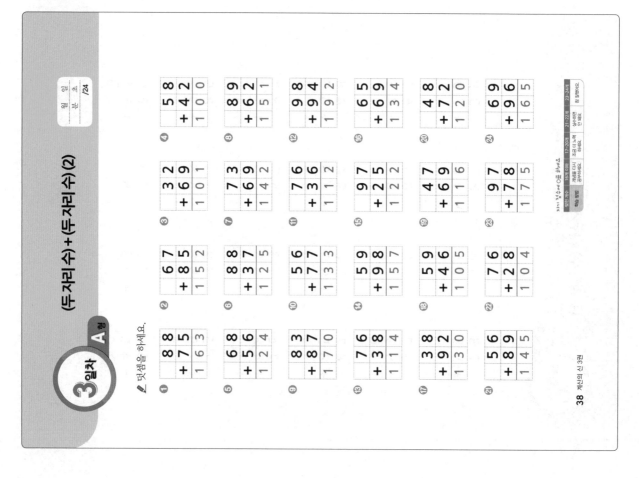

① 88 + 75 = 163
② 67 + 85 = 152
③ 32 + 69 = 101
④ 58 + 42 = 100
⑤ 68 + 56 = 124
⑥ 88 + 37 = 125
⑦ 73 + 69 = 142
⑧ 89 + 62 = 151
⑨ 83 + 87 = 170
⑩ 56 + 77 = 133
⑪ 76 + 36 = 112
⑫ 98 + 94 = 192
⑬ 76 + 38 = 114
⑭ 59 + 98 = 157
⑮ 97 + 25 = 122
⑯ 65 + 69 = 134
⑰ 38 + 92 = 130
⑱ 59 + 46 = 105
⑲ 47 + 69 = 116
⑳ 48 + 72 = 120
㉑ 56 + 89 = 145
㉒ 76 + 28 = 104
㉓ 97 + 78 = 175
㉔ 69 + 96 = 165

자기 점수에 ○표 하세요.

맞힌 개수	16개 이하	17~20개	21~22개	23~24개
학습 방법	개념을 다시 공부하세요.	조금 더 노력하세요.	실수하면 안 돼요.	참 잘했어요.

3일차 B형 (두 자리 수)+(두 자리 수)(2)

월 일
분 초
/16

정답 14쪽

덧셈을 하세요.

① 57+69 = 126
② 75+96 = 171
③ 64+68 = 132
④ 84+69 = 153
⑤ 97+89 = 186
⑥ 45+75 = 120
⑦ 87+48 = 135
⑧ 68+57 = 125
⑨ 58+54 = 112
⑩ 58+65 = 123
⑪ 67+34 = 101
⑫ 73+87 = 160
⑬ 49+97 = 146
⑭ 96+18 = 114
⑮ 88+79 = 167
⑯ 32+68 = 100

자기 점수에 ○표 하세요.

맞힌 개수	8개 이하	9~12개	13~14개	15~16개
학습 방법	개념을 다시 공부하세요.	조금 더 노력하세요.	실수하면 안 돼요.	참 잘했어요.

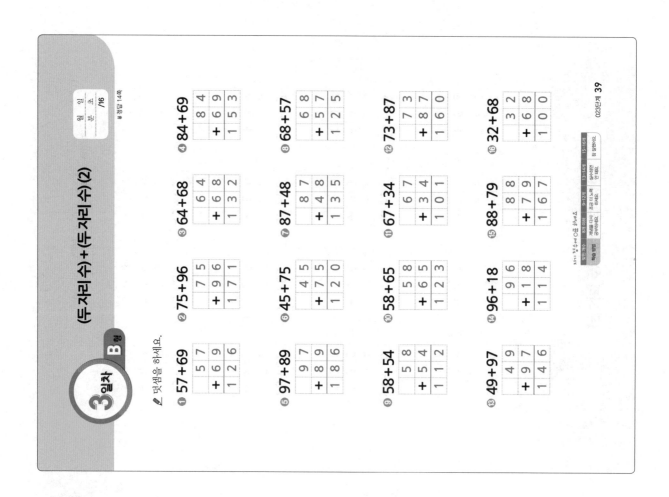

4일차 A형 (두 자리 수)+(두 자리 수)(2)

월 일
분 초
/24

덧셈을 하세요.

① 88 + 32 = 120
② 56 + 49 = 105
③ 97 + 36 = 133
④ 86 + 58 = 144
⑤ 66 + 77 = 143
⑥ 68 + 97 = 165
⑦ 59 + 52 = 111
⑧ 36 + 96 = 132
⑨ 49 + 75 = 124
⑩ 65 + 37 = 102
⑪ 58 + 83 = 141
⑫ 45 + 58 = 103
⑬ 76 + 94 = 170
⑭ 42 + 68 = 110
⑮ 57 + 49 = 106
⑯ 83 + 68 = 151
⑰ 77 + 99 = 176
⑱ 54 + 88 = 142
⑲ 57 + 68 = 125
⑳ 65 + 87 = 152
㉑ 56 + 79 = 135
㉒ 68 + 87 = 155
㉓ 76 + 38 = 114
㉔ 89 + 67 = 156

자기 점수에 ○표 하세요

맞힌 개수	16개 이하	17~20개	21~22개	23~24개
학습 방법	개념을 다시 공부하세요.	조금 더 노력하세요.	실수하면 안 돼요.	참 잘했어요.

4일차 B형 (두 자리 수)+(두 자리 수)(2)

월 일
분 초
/16

정답 15쪽

덧셈을 하세요.

① 68+94 = 162
② 87+94 = 181
③ 99+72 = 171
④ 84+66 = 150
⑤ 54+59 = 113
⑥ 68+77 = 145
⑦ 74+38 = 112
⑧ 79+67 = 146
⑨ 39+85 = 124
⑩ 58+76 = 134
⑪ 69+85 = 154
⑫ 49+94 = 143
⑬ 59+69 = 128
⑭ 92+38 = 130
⑮ 57+83 = 140
⑯ 89+75 = 164

자기 점수에 ○표 하세요

맞힌 개수	8개 이하	9~12개	13~14개	15~16개
학습 방법	개념을 다시 공부하세요.	조금 더 노력하세요.	실수하면 안 돼요.	참 잘했어요.

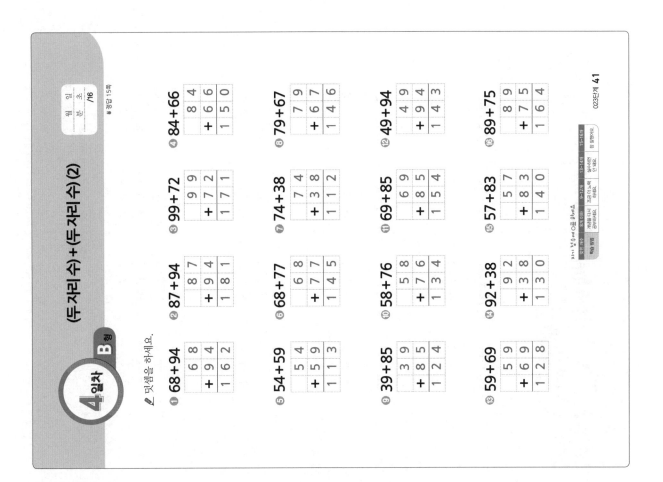

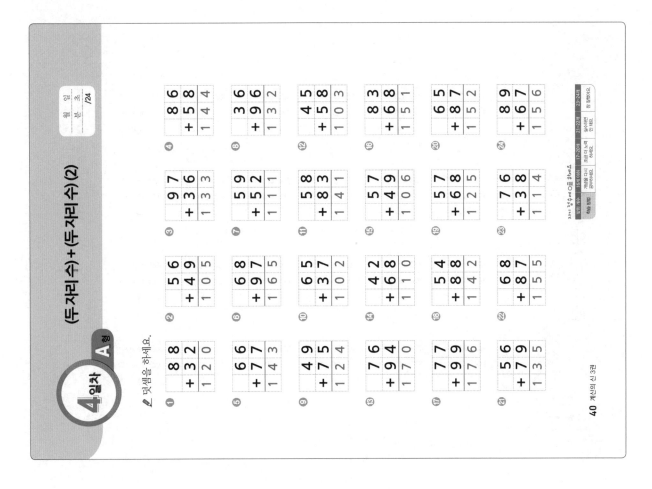

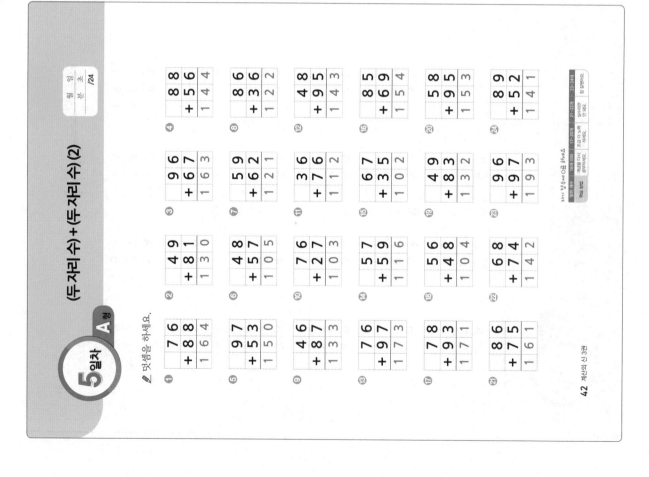

5일차 A형 (두 자리 수)+(두 자리 수) (2)

월 일 / 분 초 / /24

✎ 덧셈을 하세요.

① 76 + 88 = 164
② 49 + 81 = 130
③ 96 + 67 = 163
④ 88 + 56 = 144
⑤ 97 + 53 = 150
⑥ 48 + 57 = 105
⑦ 59 + 62 = 121
⑧ 86 + 36 = 122
⑨ 46 + 87 = 133
⑩ 76 + 27 = 103
⑪ 36 + 76 = 112
⑫ 48 + 95 = 143
⑬ 76 + 97 = 173
⑭ 57 + 59 = 116
⑮ 67 + 35 = 102
⑯ 85 + 69 = 154
⑰ 78 + 93 = 171
⑱ 56 + 48 = 104
⑲ 49 + 83 = 132
⑳ 58 + 95 = 153
㉑ 86 + 75 = 161
㉒ 68 + 74 = 142
㉓ 96 + 97 = 193
㉔ 89 + 52 = 141

자기 점수에 ○표 하세요

맞힌 개수	16개 이하	17~20개	21~22개	23~24개
학습 방법	개념을 다시 공부하세요.	조금 더 노력하세요.	실수하면 안 돼요.	참 잘했어요.

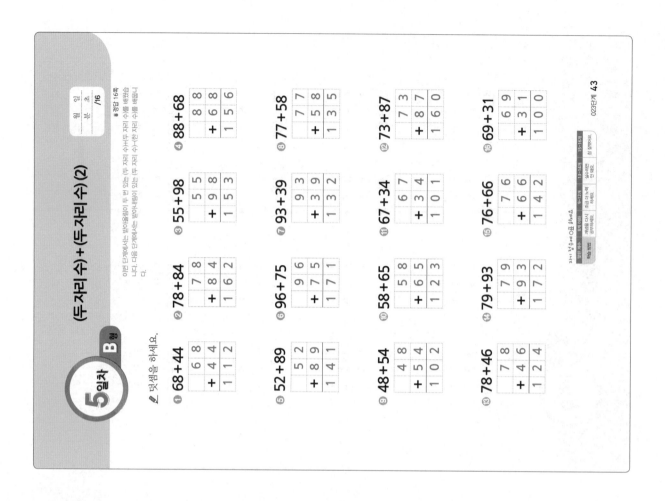

5일차 B형 (두 자리 수)+(두 자리 수) (2)

월 일 / 분 초 / /16

정답 16쪽

이번 단계에서는 받아올림이 두 번 있는 (두 자리 수)+(두 자리 수)를 배웠습니다. 다음 단계에서는 받아내림이 있는 (두 자리 수)-(한 자리 수)를 배웁니다.

✎ 덧셈을 하세요.

① 68+44 = 112
② 78+84 = 162
③ 55+98 = 153
④ 88+68 = 156
⑤ 52+89 = 141
⑥ 96+75 = 171
⑦ 93+39 = 132
⑧ 77+58 = 135
⑨ 48+54 = 102
⑩ 58+65 = 123
⑪ 67+34 = 101
⑫ 73+87 = 160
⑬ 78+46 = 124
⑭ 79+93 = 172
⑮ 76+66 = 142
⑯ 69+31 = 100

자기 점수에 ○표 하세요

맞힌 개수	8개 이하	9~12개	13~14개	15~16개
학습 방법	개념을 다시 공부하세요.	조금 더 노력하세요.	실수하면 안 돼요.	참 잘했어요.

세 단계 묶어 풀기 O21 ~ O23단계
받아올림이 있는 덧셈

월 일 / 분 초 / /21

정답 17쪽

계산을 하세요.

❶ 59+3=62　❷ 67+7=74　❸ 78+5=83

❹ 84+9=93　❺ 95+8=103　❻ 22+8=30

❼ 19+4=23　❽ 35+9=44　❾ 43+7=50

⑩ 53+27

	5	3
+	2	7
	8	0

⑪ 27+28

	2	7
+	2	8
	5	5

⑫ 75+16

	7	5
+	1	6
	9	1

⑬ 31+39

	3	1
+	3	9
	7	0

⑭ 72+53

	7	2
+	5	3
1	2	5

⑮ 94+41

	9	4
+	4	1
1	3	5

⑯ 85+93

	8	5
+	9	3
1	7	8

⑰ 61+57

	6	1
+	5	7
1	1	8

⑱ 84+48

	8	4
+	4	8
1	3	2

⑲ 45+97

	4	5
+	9	7
1	4	2

⑳ 84+57

	8	4
+	5	7
1	4	1

㉑ 54+96

	5	4
+	9	6
1	5	0

44 계산의 신 3권

1일차 A형 (두 자리 수)-(한 자리 수)

월 일 / 분 초 / /24

십의 자리에서 받아
내림해서 계산해!

빨셈을 하세요.

① 34 − 7 = 27
② 53 − 9 = 44
③ 72 − 7 = 65
④ 90 − 7 = 83

⑤ 64 − 6 = 58
⑥ 45 − 8 = 37
⑦ 85 − 7 = 78
⑧ 22 − 8 = 14

⑨ 51 − 9 = 42
⑩ 64 − 9 = 55
⑪ 42 − 9 = 33
⑫ 94 − 7 = 87

⑬ 82 − 6 = 76
⑭ 71 − 8 = 63
⑮ 24 − 7 = 17
⑯ 35 − 7 = 28

⑰ 63 − 7 = 56
⑱ 92 − 6 = 86
⑲ 44 − 8 = 36
⑳ 25 − 6 = 19

㉑ 51 − 4 = 47
㉒ 63 − 6 = 57
㉓ 82 − 9 = 73
㉔ 71 − 9 = 62

자기 점수에 ○표 하세요.

맞힌 개수	16개 이하	17~20개	21~22개	23~24개
학습 방법	개념을 다시 공부하세요.	조금 더 노력하세요.	실수하면 안 돼요.	참 잘했어요.

1일차 B형 (두 자리 수)-(한 자리 수)

월 일 / 분 초 / /30

정답 18쪽

일의 자리끼리 뺄 수 있
는지 먼저 확인하기!

빨셈을 하세요.

① 23−8= 15
② 53−8= 45
③ 92−9= 83

④ 34−7= 27
⑤ 65−7= 58
⑥ 16−8= 8

⑦ 48−9= 39
⑧ 75−8= 67
⑨ 25−7= 18

⑩ 56−8= 48
⑪ 84−9= 75
⑫ 34−8= 26

⑬ 60−7= 53
⑭ 95−8= 87
⑮ 43−9= 34

⑯ 74−8= 66
⑰ 22−8= 14
⑱ 57−8= 49

⑲ 84−6= 78
⑳ 14−9= 5
㉑ 61−9= 52

㉒ 93−8= 85
㉓ 35−7= 28
㉔ 75−7= 68

㉕ 21−8= 13
㉖ 41−6= 35
㉗ 84−8= 76

㉘ 13−7= 6
㉙ 52−8= 44
㉚ 93−7= 86

자기 점수에 ○표 하세요.

맞힌 개수	20개 이하	21~25개	26~28개	29~30개
학습 방법	개념을 다시 공부하세요.	조금 더 노력하세요.	실수하면 안 돼요.	참 잘했어요.

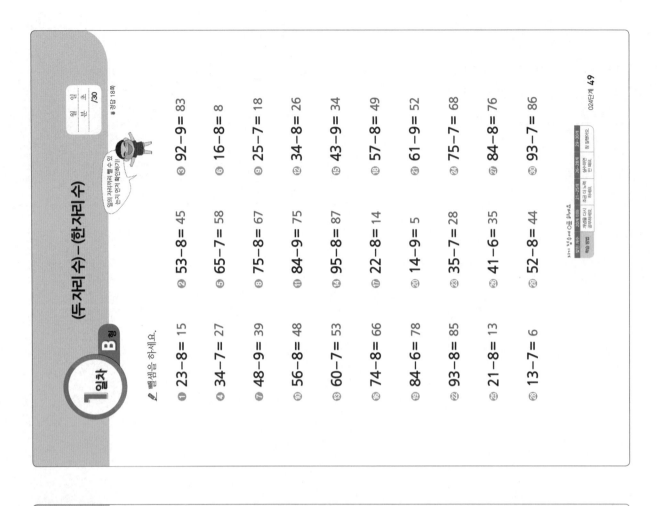

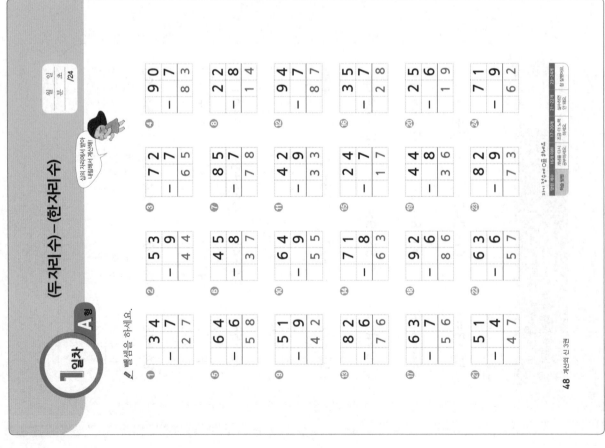

2일차 A형 (두 자리 수)−(한 자리 수)

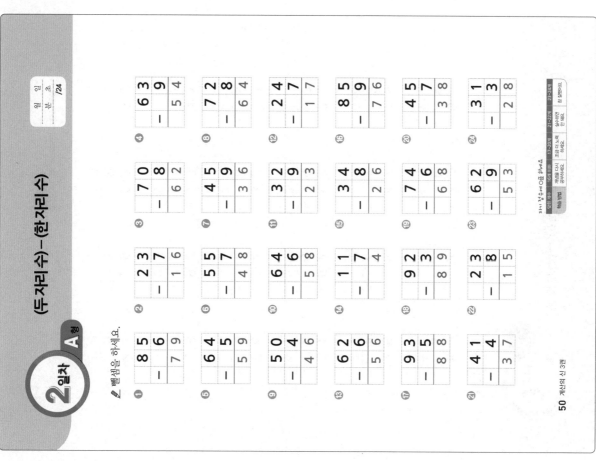

월 일 / 분 초 / /24

빨셈을 하세요.

① 85 − 6 = 79
② 23 − 7 = 16
③ 70 − 8 = 62
④ 63 − 9 = 54
⑤ 64 − 5 = 59
⑥ 55 − 7 = 48
⑦ 45 − 9 = 36
⑧ 72 − 8 = 64
⑨ 50 − 4 = 46
⑩ 64 − 6 = 58
⑪ 32 − 9 = 23
⑫ 24 − 7 = 17
⑬ 62 − 6 = 56
⑭ 11 − 7 = 4
⑮ 34 − 8 = 26
⑯ 85 − 9 = 76
⑰ 93 − 5 = 88
⑱ 92 − 3 = 89
⑲ 74 − 6 = 68
⑳ 45 − 7 = 38
㉑ 41 − 4 = 37
㉒ 23 − 8 = 15
㉓ 62 − 9 = 53
㉔ 31 − 3 = 28

자기 점수에 ○표 하세요

맞힌 개수	16개 이하	17~20개	21~22개	23~24개
학습 방법	개념을 다시 공부하세요.	조금 더 노력하세요.	실수하면 안 돼요.	참 잘했어요.

2일차 B형 (두 자리 수)−(한 자리 수)

월 일 / 분 초 / /30

정답 19쪽

빨셈을 하세요.

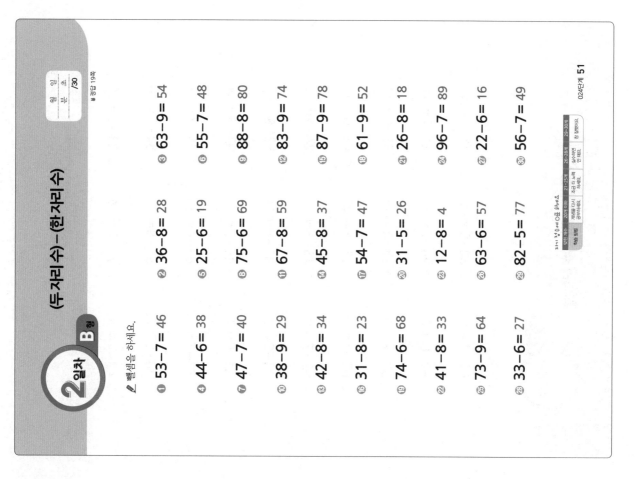

① 53−7= 46 ② 36−8= 28 ③ 63−9= 54
④ 44−6= 38 ⑤ 25−6= 19 ⑥ 55−7= 48
⑦ 47−7= 40 ⑧ 75−6= 69 ⑨ 88−8= 80
⑩ 38−9= 29 ⑪ 67−8= 59 ⑫ 83−9= 74
⑬ 42−8= 34 ⑭ 45−8= 37 ⑮ 87−9= 78
⑯ 31−8= 23 ⑰ 54−7= 47 ⑱ 61−9= 52
⑲ 74−6= 68 ⑳ 31−5= 26 ㉑ 26−8= 18
㉒ 41−8= 33 ㉓ 12−8= 4 ㉔ 96−7= 89
㉕ 73−9= 64 ㉖ 63−6= 57 ㉗ 22−6= 16
㉘ 33−6= 27 ㉙ 82−5= 77 ㉚ 56−7= 49

자기 점수에 ○표 하세요

맞힌 개수	20개 이하	21~25개	26~28개	29~30개
학습 방법	개념을 다시 공부하세요.	조금 더 노력하세요.	실수하면 안 돼요.	참 잘했어요.

3일차 A형 (두 자리 수)-(한 자리 수)

월 일 / 분 초 / /24

✎ 뺄셈을 하세요.

① 81 − 6 = 75
② 22 − 7 = 15
③ 73 − 8 = 65
④ 64 − 9 = 55
⑤ 35 − 9 = 26
⑥ 56 − 7 = 49
⑦ 47 − 9 = 38
⑧ 76 − 9 = 67
⑨ 51 − 4 = 47
⑩ 62 − 6 = 56
⑪ 83 − 9 = 74
⑫ 20 − 7 = 13
⑬ 64 − 6 = 58
⑭ 14 − 7 = 7
⑮ 32 − 8 = 24
⑯ 51 − 9 = 42
⑰ 53 − 7 = 46
⑱ 92 − 3 = 89
⑲ 73 − 4 = 69
⑳ 41 − 7 = 34
㉑ 44 − 5 = 39
㉒ 26 − 8 = 18
㉓ 62 − 9 = 53
㉔ 32 − 3 = 29

자기 점수에 ○표 하세요.

맞힌 개수	16개 이하	17~20개	21~22개	23~24개
학습 방법	개념을 다시 공부하세요.	조금 더 노력하세요.	실수하면 안 돼요.	참 잘했어요.

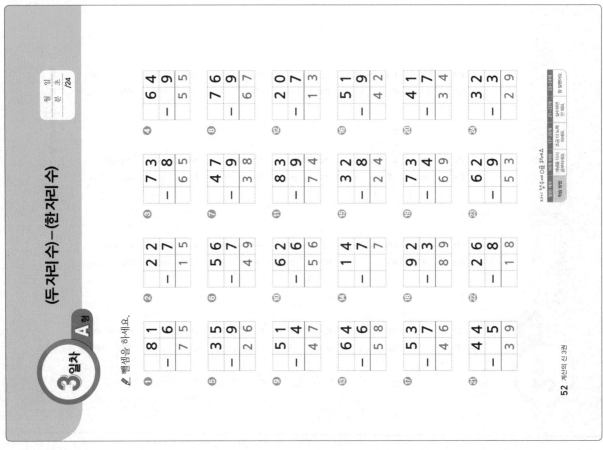

3일차 B형 (두 자리 수)-(한 자리 수)

월 일 / 분 초 / /30

정답 20쪽

✎ 뺄셈을 하세요.

① 61−4= 57
② 88−9= 79
③ 71−4= 67
④ 80−6= 74
⑤ 94−7= 87
⑥ 21−7= 14
⑦ 53−7= 46
⑧ 27−8= 19
⑨ 52−5= 47
⑩ 60−4= 56
⑪ 31−8= 23
⑫ 42−6= 36
⑬ 92−7= 85
⑭ 15−6= 9
⑮ 24−6= 18
⑯ 43−9= 34
⑰ 32−8= 24
⑱ 53−8= 45
⑲ 84−6= 78
⑳ 46−9= 37
㉑ 92−8= 84
㉒ 32−7= 25
㉓ 63−4= 59
㉔ 75−7= 68
㉕ 70−8= 62
㉖ 56−8= 48
㉗ 84−8= 76
㉘ 43−4= 39
㉙ 71−5= 66
㉚ 93−7= 86

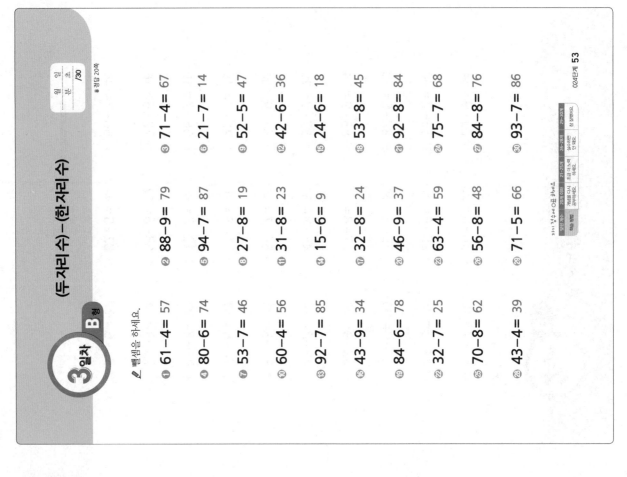

자기 점수에 ○표 하세요.

맞힌 개수	20개 이하	21~25개	26~28개	29~30개
학습 방법	개념을 다시 공부하세요.	조금 더 노력하세요.	실수하면 안 돼요.	참 잘했어요.

4일차 A형 (두 자리 수)-(한 자리 수)

월 일
분 초
/24

✎ 뺄셈을 하세요.

① 96 − 9 = 87
② 21 − 3 = 18
③ 37 − 8 = 29
④ 60 − 4 = 56
⑤ 42 − 8 = 34
⑥ 55 − 6 = 49
⑦ 61 − 2 = 59
⑧ 73 − 9 = 64
⑨ 80 − 5 = 75
⑩ 74 − 8 = 66
⑪ 37 − 9 = 28
⑫ 40 − 8 = 32
⑬ 56 − 8 = 48
⑭ 85 − 7 = 78
⑮ 25 − 9 = 16
⑯ 94 − 7 = 87
⑰ 50 − 4 = 46
⑱ 71 − 6 = 65
⑲ 91 − 8 = 83
⑳ 25 − 6 = 19
㉑ 51 − 4 = 47
㉒ 94 − 6 = 88
㉓ 82 − 8 = 74
㉔ 71 − 9 = 62

자기 점수에 ○표 하세요

맞힌 개수	16개 이하	17~20개	21~22개	23~24개
학습 방법	개념을 다시 공부하세요.	조금 더 노력 하세요.	실수하면 안 돼요.	참 잘했어요.

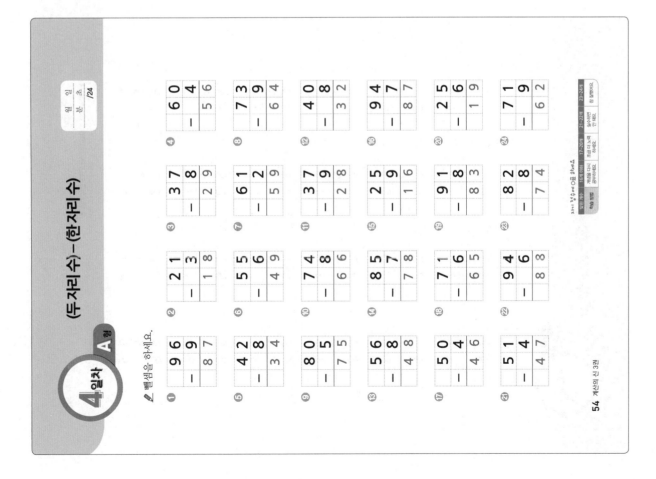

4일차 B형 (두 자리 수)-(한 자리 수)

월 일
분 초
/30

정답 21쪽

✎ 뺄셈을 하세요.

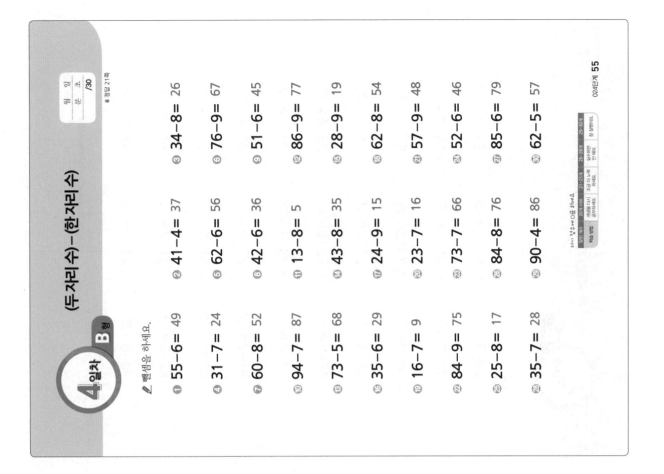

① 55−6= 49 ② 41−4= 37 ③ 34−8= 26
④ 31−7= 24 ⑤ 62−6= 56 ⑥ 76−9= 67
⑦ 60−8= 52 ⑧ 42−6= 36 ⑨ 51−6= 45
⑩ 94−7= 87 ⑪ 13−8= 5 ⑫ 86−9= 77
⑬ 73−5= 68 ⑭ 43−8= 35 ⑮ 28−9= 19
⑯ 35−6= 29 ⑰ 24−9= 15 ⑱ 62−8= 54
⑲ 16−7= 9 ⑳ 23−7= 16 ㉑ 57−9= 48
㉒ 84−9= 75 ㉓ 73−7= 66 ㉔ 52−6= 46
㉕ 25−8= 17 ㉖ 84−8= 76 ㉗ 85−6= 79
㉘ 35−7= 28 ㉙ 90−4= 86 ㉚ 62−5= 57

자기 점수에 ○표 하세요

맞힌 개수	20개 이하	21~25개	26~28개	29~30개
학습 방법	개념을 다시 공부하세요.	조금 더 노력 하세요.	실수하면 안 돼요.	참 잘했어요.

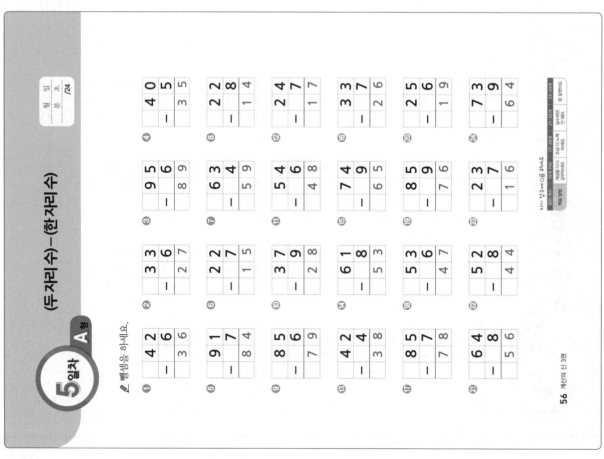

5일차 A형 (두 자리 수)−(한 자리 수)

월 일 / 분 초 / /24

✎ 뺄셈을 하세요.

❶ 42 − 6 = 36
❷ 33 − 6 = 27
❸ 95 − 6 = 89
❹ 40 − 5 = 35
❺ 91 − 7 = 84
❻ 22 − 7 = 15
❼ 63 − 4 = 59
❽ 22 − 8 = 14
❾ 85 − 6 = 79
❿ 37 − 9 = 28
⓫ 54 − 6 = 48
⓬ 24 − 7 = 17
⓭ 42 − 4 = 38
⓮ 61 − 8 = 53
⓯ 74 − 9 = 65
⓰ 33 − 7 = 26
⓱ 85 − 7 = 78
⓲ 53 − 6 = 47
⓳ 85 − 9 = 76
⓴ 25 − 6 = 19
㉑ 64 − 8 = 56
㉒ 52 − 8 = 44
㉓ 23 − 7 = 16
㉔ 73 − 9 = 64

자기 점수에 ○표 하세요

맞힌 개수	16개 이하	17~20개	21~22개	23~24개
학습 방법	개념을 다시 공부하세요.	조금 더 노력하세요.	실수하면 안 돼요.	참 잘했어요.

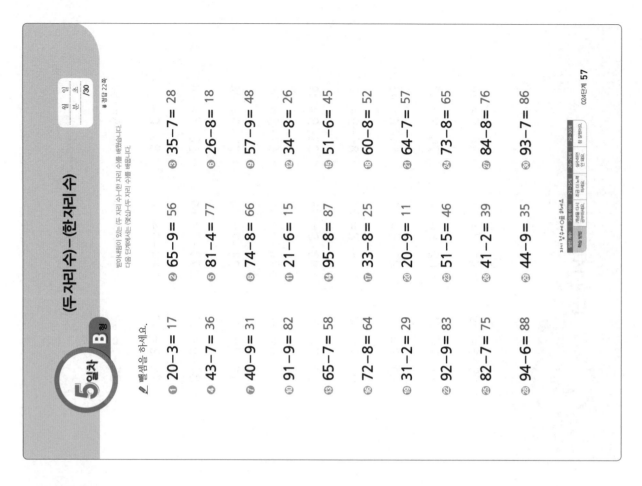

5일차 B형 (두 자리 수)−(한 자리 수)

월 일 / 분 초 / /30

정답 22쪽

받아내림이 있는 (두 자리 수)−(한 자리 수)를 배웠습니다.
다음 단계에서는 (몇십)−(두 자리 수)를 배웁니다.

✎ 뺄셈을 하세요.

❶ 20−3= 17 ❷ 65−9= 56 ❸ 35−7= 28
❹ 43−7= 36 ❺ 81−4= 77 ❻ 26−8= 18
❼ 40−9= 31 ❽ 74−8= 66 ❾ 57−9= 48
❿ 91−9= 82 ⓫ 21−6= 15 ⓬ 34−8= 26
⓭ 65−7= 58 ⓮ 95−8= 87 ⓯ 51−6= 45
⓰ 72−8= 64 ⓱ 33−8= 25 ⓲ 60−8= 52
⓳ 31−2= 29 ⓴ 20−9= 11 ㉑ 64−7= 57
㉒ 92−9= 83 ㉓ 51−5= 46 ㉔ 73−8= 65
㉕ 82−7= 75 ㉖ 41−2= 39 ㉗ 84−8= 76
㉘ 94−6= 88 ㉙ 44−9= 35 ㉚ 93−7= 86

자기 점수에 ○표 하세요

맞힌 개수	20개 이하	21~25개	26~28개	29~30개
학습 방법	개념을 다시 공부하세요.	조금 더 노력하세요.	실수하면 안 돼요.	참 잘했어요.

1일차 A형 (몇십)−(두 자리 수)

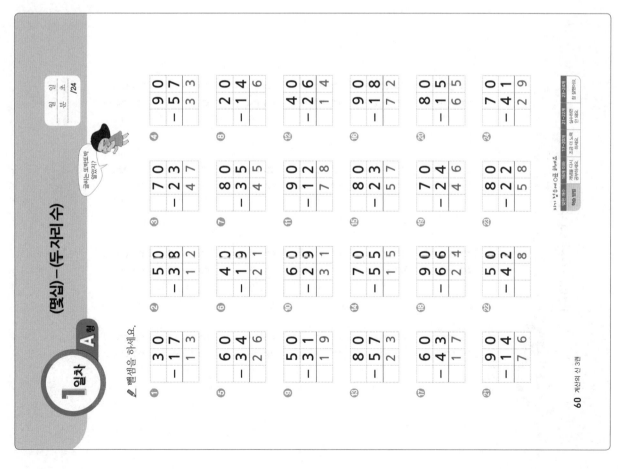

월 일
분 초
/24

글씨는 또박또박 알았지?

빼셈을 하세요.

❶ 30 − 17 = 13
❷ 50 − 38 = 12
❸ 70 − 23 = 47
❹ 90 − 57 = 33
❺ 60 − 34 = 26
❻ 40 − 19 = 21
❼ 80 − 35 = 45
❽ 20 − 14 = 6
❾ 50 − 31 = 19
❿ 60 − 29 = 31
⓫ 90 − 12 = 78
⓬ 40 − 26 = 14
⓭ 80 − 57 = 23
⓮ 70 − 55 = 15
⓯ 80 − 23 = 57
⓰ 90 − 18 = 72
⓱ 60 − 43 = 17
⓲ 90 − 66 = 24
⓳ 70 − 24 = 46
⓴ 80 − 15 = 65
㉑ 90 − 14 = 76
㉒ 50 − 42 = 8
㉓ 80 − 22 = 58
㉔ 70 − 41 = 29

자기 점수에 ○표 하세요

맞힌 개수	16개 이하	17~20개	21~22개	23~24개
학습 방법	개념을 다시 공부하세요.	조금 더 노력하세요.	실수하면 안 돼요.	참 잘했어요.

1일차 B형 (몇십)−(두 자리 수)

월 일
분 초
/30

받아내림에 주의해서 계산해!

정답 23쪽

빼셈을 하세요.

❶ 40−13= 27
❷ 50−29= 21
❸ 90−57= 33
❹ 30−27= 3
❺ 60−37= 23
❻ 80−46= 34
❼ 90−29= 61
❽ 70−48= 22
❾ 50−39= 11
❿ 50−18= 32
⓫ 80−64= 16
⓬ 40−15= 25
⓭ 60−25= 35
⓮ 90−35= 55
⓯ 90−23= 67
⓰ 70−44= 26
⓱ 20−12= 8
⓲ 30−11= 19
⓳ 80−16= 64
⓴ 90−39= 51
㉑ 60−22= 38
㉒ 90−42= 48
㉓ 70−13= 57
㉔ 70−55= 15
㉕ 80−31= 49
㉖ 40−28= 12
㉗ 50−36= 14
㉘ 90−43= 47
㉙ 50−11= 39
㉚ 90−19= 71

자기 점수에 ○표 하세요

맞힌 개수	20개 이하	21~25개	26~28개	29~30개
학습 방법	개념을 다시 공부하세요.	조금 더 노력하세요.	실수하면 안 돼요.	참 잘했어요.

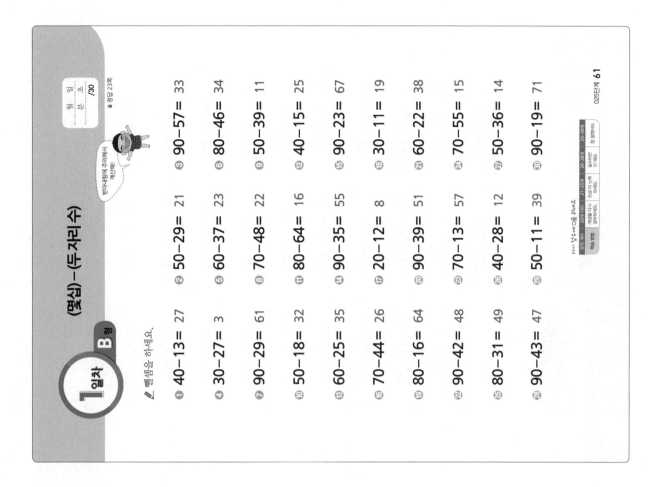

2일차 A형 (몇십)−(두 자리 수)

월 일 / 분 초 / /24

빼셈을 하세요.

❶ 70−53=17 ❷ 80−16=64 ❸ 70−21=49 ❹ 40−39=1

❺ 80−55=25 ❻ 60−16=44 ❼ 50−27=23 ❽ 90−78=12

❾ 50−16=34 ❿ 90−22=68 ⓫ 40−14=26 ⓬ 80−33=47

⓭ 40−21=19 ⓮ 30−14=16 ⓯ 90−63=27 ⓰ 30−23=7

⓱ 50−18=32 ⓲ 80−37=43 ⓳ 70−16=54 ⓴ 90−11=79

㉑ 80−29=51 ㉒ 20−12=8 ㉓ 70−34=36 ㉔ 40−25=15

자기 점수에 ○표 하세요

맞힌 개수	16개 이하	17~20개	21~22개	23~24개
학습 방법	개념을 다시 공부하세요.	조금 더 노력하세요.	실수하면 안 돼요.	참 잘했어요.

2일차 B형 (몇십)−(두 자리 수)

월 일 / 분 초 / /30

정답 24쪽

빼셈을 하세요.

❶ 60−29= 31 ❷ 30−16= 14 ❸ 50−23= 27

❹ 50−32= 18 ❺ 80−55= 25 ❻ 90−16= 74

❼ 80−18= 62 ❽ 70−36= 34 ❾ 90−47= 43

❿ 70−29= 41 ⓫ 60−57= 3 ⓬ 70−19= 51

⓭ 80−27= 53 ⓮ 90−15= 75 ⓯ 70−33= 37

⓰ 90−69= 21 ⓱ 50−26= 24 ⓲ 80−35= 45

⓳ 40−18= 22 ⓴ 30−15= 15 ㉑ 50−25= 25

㉒ 50−37= 13 ㉓ 90−48= 42 ㉔ 40−38= 2

㉕ 70−42= 28 ㉖ 60−22= 38 ㉗ 90−14= 76

㉘ 90−26= 64 ㉙ 80−31= 49 ㉚ 30−14= 16

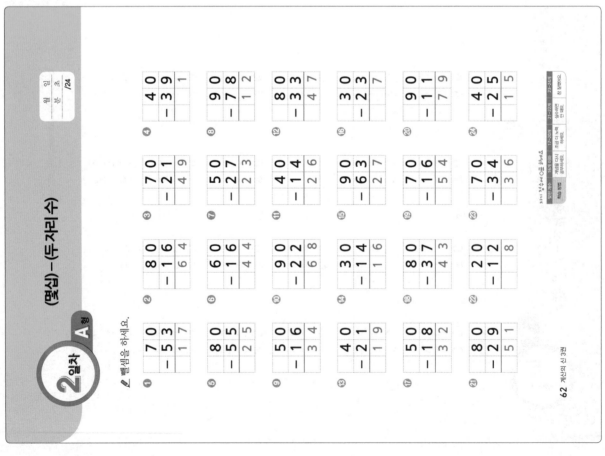

자기 점수에 ○표 하세요

맞힌 개수	20개 이하	21~25개	26~28개	29~30개
학습 방법	개념을 다시 공부하세요.	조금 더 노력하세요.	실수하면 안 돼요.	참 잘했어요.

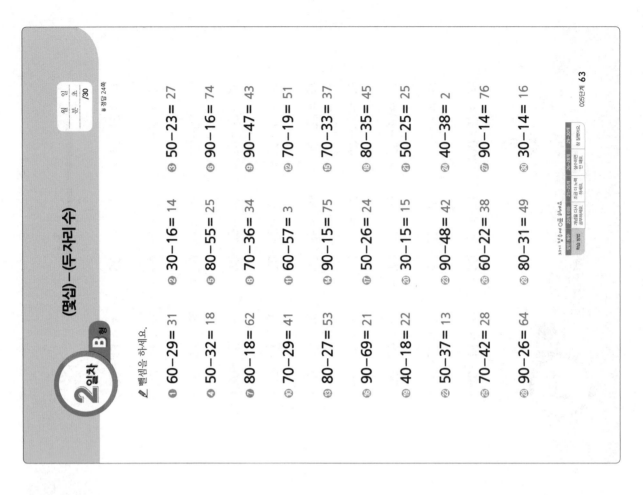

3일차 A형 (몇십)−(두 자리 수)

월 일 / 분 초 / /24

빨셈을 하세요.

① 50 − 36 = 14
② 70 − 17 = 53
③ 90 − 58 = 32
④ 60 − 18 = 42
⑤ 80 − 25 = 55
⑥ 90 − 18 = 72
⑦ 60 − 33 = 27
⑧ 80 − 68 = 12
⑨ 30 − 14 = 16
⑩ 70 − 36 = 34
⑪ 90 − 29 = 61
⑫ 50 − 27 = 23
⑬ 90 − 16 = 74
⑭ 20 − 13 = 7
⑮ 60 − 38 = 22
⑯ 40 − 19 = 21
⑰ 70 − 14 = 56
⑱ 40 − 23 = 17
⑲ 50 − 24 = 26
⑳ 80 − 47 = 33
㉑ 80 − 34 = 46
㉒ 90 − 52 = 38
㉓ 70 − 29 = 41
㉔ 60 − 13 = 47

자기 점수에 ○표 하세요.

맞힌 개수	16개 이하	17~20개	21~22개	23~24개
학습 방법	개념을 다시 공부하세요.	조금 더 노력하세요.	실수하면 안 돼요.	참 잘했어요.

3일차 B형 (몇십)−(두 자리 수)

월 일 / 분 초 / /30

정답 25쪽

빨셈을 하세요.

① 90−73= 17
② 80−26= 54
③ 70−49= 21
④ 40−17= 23
⑤ 50−34= 16
⑥ 90−28= 62
⑦ 30−12= 18
⑧ 80−65= 15
⑨ 70−38= 32
⑩ 40−28= 12
⑪ 30−16= 14
⑫ 90−49= 41
⑬ 80−33= 47
⑭ 60−24= 36
⑮ 70−65= 5
⑯ 80−47= 33
⑰ 90−35= 55
⑱ 80−12= 68
⑲ 80−14= 66
⑳ 60−14= 46
㉑ 40−39= 1
㉒ 70−57= 13
㉓ 60−31= 29
㉔ 90−38= 52
㉕ 80−54= 26
㉖ 90−16= 74
㉗ 70−45= 25
㉘ 40−36= 4
㉙ 60−17= 43
㉚ 90−21= 69

자기 점수에 ○표 하세요.

맞힌 개수	20개 이하	21~25개	26~28개	29~30개
학습 방법	개념을 다시 공부하세요.	조금 더 노력하세요.	실수하면 안 돼요.	참 잘했어요.

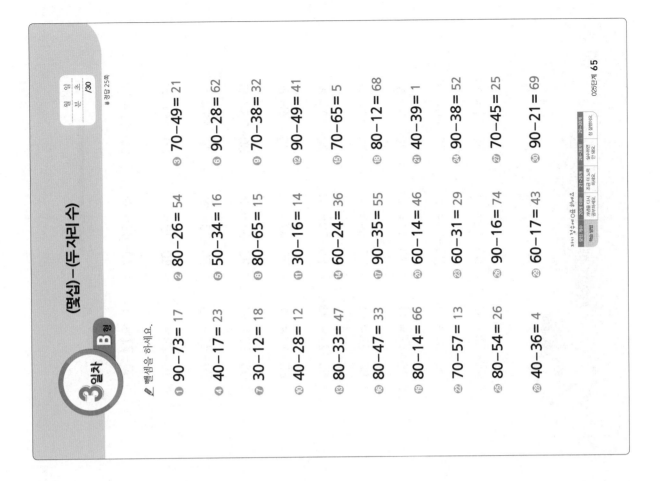

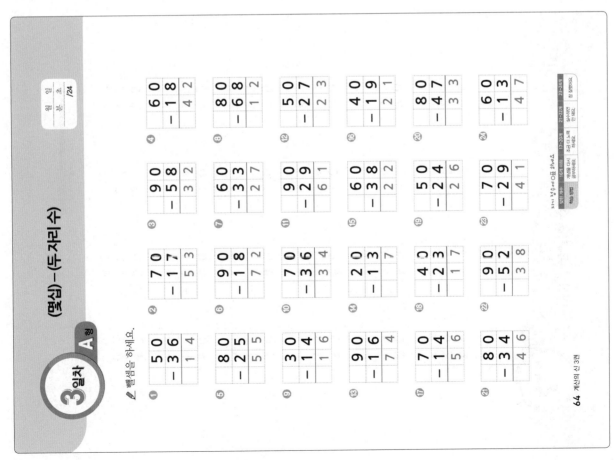

4일차 A형 (몇십)−(두 자리 수)

월 일 / 분 초 / /24

✎ 뺄셈을 하세요.

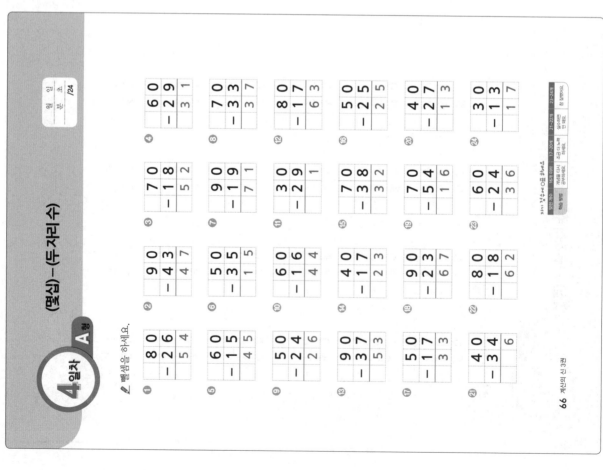

① 80 − 26 = 54
② 90 − 43 = 47
③ 70 − 18 = 52
④ 60 − 29 = 31
⑤ 60 − 15 = 45
⑥ 50 − 35 = 15
⑦ 90 − 19 = 71
⑧ 70 − 33 = 37
⑨ 50 − 24 = 26
⑩ 60 − 16 = 44
⑪ 30 − 29 = 1
⑫ 80 − 17 = 63
⑬ 90 − 37 = 53
⑭ 40 − 17 = 23
⑮ 70 − 38 = 32
⑯ 50 − 25 = 25
⑰ 50 − 17 = 33
⑱ 90 − 23 = 67
⑲ 70 − 54 = 16
⑳ 40 − 27 = 13
㉑ 40 − 34 = 6
㉒ 80 − 18 = 62
㉓ 60 − 24 = 36
㉔ 30 − 13 = 17

자기 점수에 ○표 하세요

맞힌 개수	16개 이하	17~20개	21~22개	23~24개
학습 방법	개념을 다시 공부하세요.	조금 더 노력하세요.	실수하면 안 돼요.	참 잘했어요.

4일차 B형 (몇십)−(두 자리 수)

월 일 / 분 초 / /30

정답 26쪽

✎ 뺄셈을 하세요.

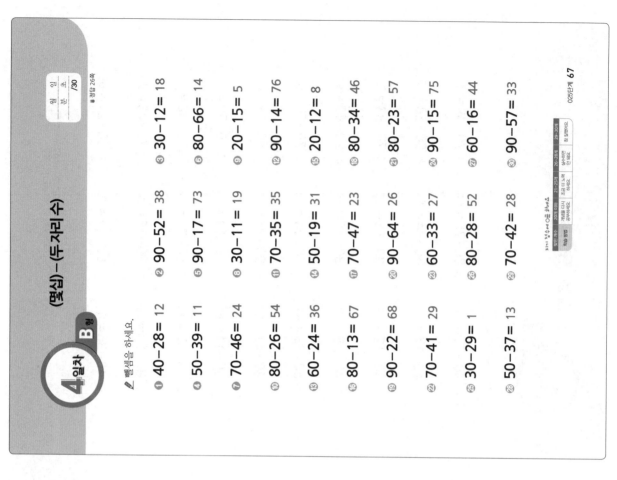

① 40−28= 12 ② 90−52= 38 ③ 30−12= 18
④ 50−39= 11 ⑤ 90−17= 73 ⑥ 80−66= 14
⑦ 70−46= 24 ⑧ 30−11= 19 ⑨ 20−15= 5
⑩ 80−26= 54 ⑪ 70−35= 35 ⑫ 90−14= 76
⑬ 60−24= 36 ⑭ 50−19= 31 ⑮ 20−12= 8
⑯ 80−13= 67 ⑰ 70−47= 23 ⑱ 80−34= 46
⑲ 90−22= 68 ⑳ 90−64= 26 ㉑ 80−23= 57
㉒ 70−41= 29 ㉓ 60−33= 27 ㉔ 90−15= 75
㉕ 30−29= 1 ㉖ 80−28= 52 ㉗ 60−16= 44
㉘ 50−37= 13 ㉙ 70−42= 28 ㉚ 90−57= 33

자기 점수에 ○표 하세요

맞힌 개수	20개 이하	21~25개	26~28개	29~30개
학습 방법	개념을 다시 공부하세요.	조금 더 노력하세요.	실수하면 안 돼요.	참 잘했어요.

5일차 A형 (몇십)-(두 자리 수)

월 일 / 분 초 / /24

빼셈을 하세요.

번호	문제	답
❶	90 − 79	11
❷	80 − 33	47
❸	50 − 28	22
❹	70 − 14	56
❺	80 − 28	52
❻	50 − 36	14
❼	60 − 22	38
❽	90 − 13	77
❾	80 − 15	65
❿	70 − 35	35
⓫	90 − 59	31
⓬	40 − 25	15
⓭	50 − 22	28
⓮	70 − 57	13
⓯	40 − 39	1
⓰	90 − 47	43
⓱	50 − 34	16
⓲	70 − 26	44
⓳	80 − 57	23
⓴	90 − 36	54
㉑	50 − 43	7
㉒	90 − 66	24
㉓	80 − 38	42
㉔	90 − 19	71

자기 점수에 ○표 하세요

맞힌 개수	16개 이하	17~20개	21~22개	23~24개
학습 방법	개념을 다시 공부하세요.	조금 더 노력하세요.	실수하면 안 돼요.	참 잘했어요.

5일차 B형 (몇십)-(두 자리 수)

월 일 / 분 초 / /30

정답 27쪽

이번 단계에서 받아내림이 있는 두 자리 수의 뺄셈의 기초를 다졌다면 다음 단계에서는 본격적으로 받아내림이 있는 (두 자리 수)-(두 자리 수)를 배웁니다.

빼셈을 하세요.

❶ 60−24= 36 ❷ 80−39= 41 ❸ 70−54= 16

❹ 80−52= 28 ❺ 90−32= 58 ❻ 60−47= 13

❼ 50−17= 33 ❽ 90−28= 62 ❾ 70−25= 45

❿ 90−34= 56 ⓫ 30−18= 12 ⓬ 40−26= 14

⓭ 90−22= 68 ⓮ 70−27= 43 ⓯ 80−46= 34

⓰ 40−18= 22 ⓱ 60−35= 25 ⓲ 90−25= 65

⓳ 80−56= 24 ⓴ 50−19= 31 ㉑ 70−59= 11

㉒ 30−12= 18 ㉓ 90−64= 26 ㉔ 70−16= 54

㉕ 70−38= 32 ㉖ 80−38= 42 ㉗ 80−28= 52

㉘ 20−14= 6 ㉙ 50−13= 37 ㉚ 90−37= 53

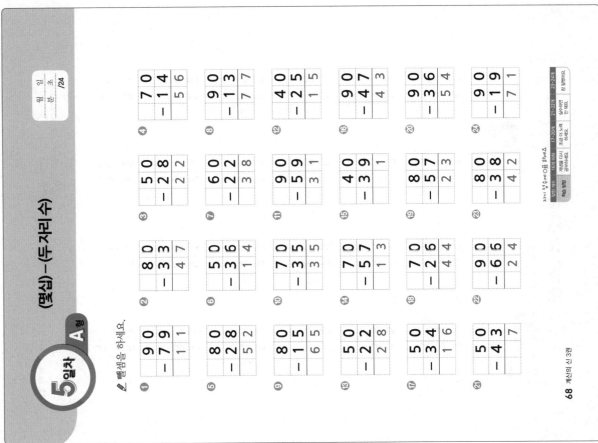

자기 점수에 ○표 하세요

맞힌 개수	20개 이하	21~25개	26~28개	29~30개
학습 방법	개념을 다시 공부하세요.	조금 더 노력하세요.	실수하면 안 돼요.	참 잘했어요.

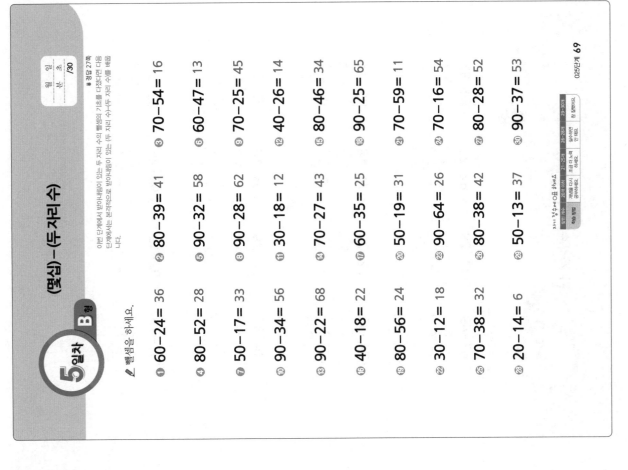

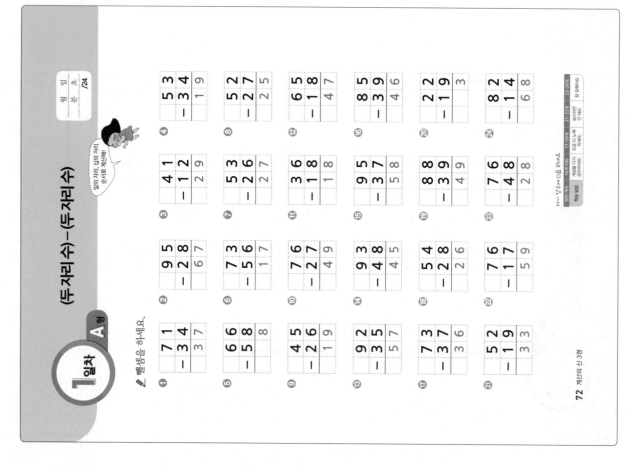

1일차 A형 (두 자리 수)−(두 자리 수)

월 일
분 초
/24

일의 자리, 십의 자리
순서로 계산해!

빼셈을 하세요.

❶ 71 − 34 = 37
❷ 95 − 28 = 67
❸ 41 − 12 = 29
❹ 53 − 34 = 19
❺ 66 − 58 = 8
❻ 73 − 56 = 17
❼ 53 − 26 = 27
❽ 52 − 27 = 25
❾ 45 − 26 = 19
❿ 76 − 27 = 49
⓫ 36 − 18 = 18
⓬ 65 − 18 = 47
⓭ 92 − 35 = 57
⓮ 93 − 48 = 45
⓯ 95 − 37 = 58
⓰ 85 − 39 = 46
⓱ 73 − 37 = 36
⓲ 54 − 28 = 26
⓳ 88 − 39 = 49
⓴ 22 − 19 = 3
㉑ 52 − 19 = 33
㉒ 76 − 17 = 59
㉓ 76 − 48 = 28
㉔ 82 − 14 = 68

자기 점수에 ○표 하세요.

맞힌 개수	16개 이하	17~20개	21~22개	23~24개
학습 방법	개념을 다시 공부하세요.	조금 더 노력하세요.	실수하면 안 돼요.	참 잘했어요.

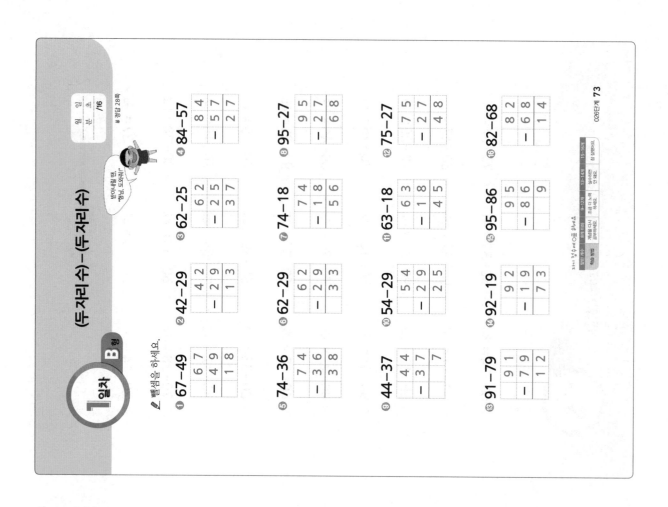

1일차 B형 (두 자리 수)−(두 자리 수)

월 일
분 초
/16

받아내릴 땐,
"형님, 도와줘!"

정답 28쪽

빼셈을 하세요.

❶ 67−49 = 18
❷ 42−29 = 13
❸ 62−25 = 37
❹ 84−57 = 27
❺ 74−36 = 38
❻ 62−29 = 33
❼ 74−18 = 56
❽ 95−27 = 68
❾ 44−37 = 7
❿ 54−29 = 25
⓫ 63−18 = 45
⓬ 75−27 = 48
⓭ 91−79 = 12
⓮ 92−19 = 73
⓯ 95−86 = 9
⓰ 82−68 = 14

자기 점수에 ○표 하세요.

맞힌 개수	8개 이하	9~12개	13~14개	15~16개
학습 방법	개념을 다시 공부하세요.	조금 더 노력하세요.	실수하면 안 돼요.	참 잘했어요.

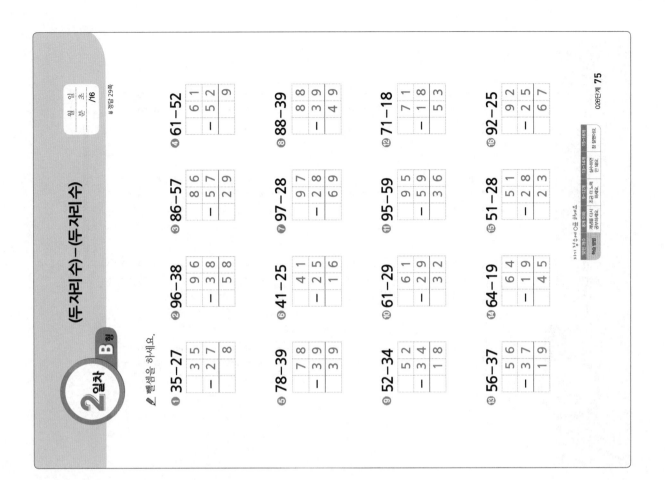

2일차 A형 (두 자리 수)-(두 자리 수)

월 일 / 분 초 / /24

빨셈을 하세요.

❶ 62 − 35 = 27

❷ 81 − 37 = 44

❸ 51 − 38 = 13

❹ 64 − 35 = 29

❺ 71 − 48 = 23

❻ 85 − 27 = 53

❼ 72 − 34 = 38

❽ 66 − 47 = 19

❾ 55 − 48 = 7

❿ 41 − 35 = 6

⓫ 64 − 28 = 36

⓬ 47 − 38 = 9

⓭ 64 − 18 = 46

⓮ 43 − 27 = 16

⓯ 72 − 16 = 56

⓰ 91 − 57 = 34

⓱ 94 − 15 = 79

⓲ 64 − 56 = 8

⓳ 97 − 38 = 59

⓴ 83 − 19 = 64

㉑ 47 − 29 = 18

㉒ 92 − 39 = 53

㉓ 94 − 47 = 47

㉔ 42 − 16 = 26

자기 점수에 ○표 하세요

맞힌 개수	16개 이하	17~20개	21~22개	23~24개
학습 방법	개념을 다시 공부하세요.	조금 더 노력하세요.	실수하면 안 돼요.	참 잘했어요.

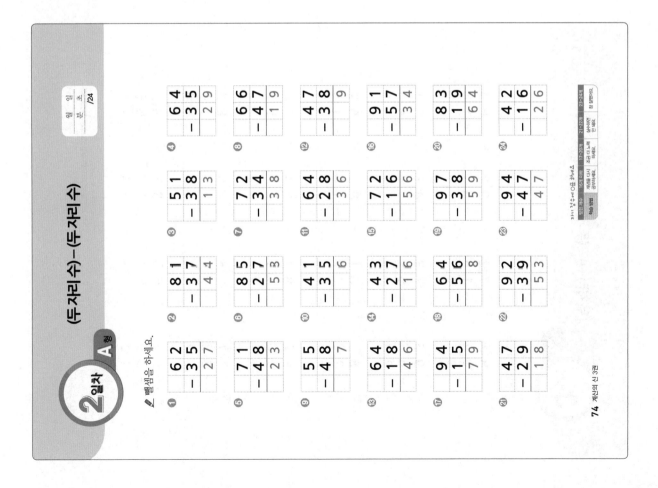

2일차 B형 (두 자리 수)-(두 자리 수)

월 일 / 분 초 / /16

정답 29쪽

빨셈을 하세요.

❶ 35−27 = 8

❷ 96−38 = 58

❸ 86−57 = 29

❹ 61−52 = 9

❺ 78−39 = 39

❻ 41−25 = 16

❼ 97−28 = 69

❽ 88−39 = 49

❾ 52−34 = 18

❿ 61−29 = 32

⓫ 95−59 = 36

⓬ 71−18 = 53

⓭ 56−37 = 19

⓮ 64−19 = 45

⓯ 51−28 = 23

⓰ 92−25 = 67

자기 점수에 ○표 하세요

맞힌 개수	8개 이하	9~12개	13~14개	15~16개
학습 방법	개념을 다시 공부하세요.	조금 더 노력하세요.	실수하면 안 돼요.	참 잘했어요.

3일차 A형 (두 자리 수)-(두 자리 수)

월 일 분 초 /24

빨셈을 하세요.

① 81−34=47	② 72−15=57	③ 92−83=9	④ 64−18=46
⑤ 96−68=28	⑥ 73−59=14	⑦ 43−38=5	⑧ 51−45=6
⑨ 83−28=55	⑩ 61−27=34	⑪ 93−16=77	⑫ 52−15=37
⑬ 92−68=24	⑭ 82−15=67	⑮ 54−27=27	⑯ 84−59=25
⑰ 77−38=39	⑱ 63−34=29	⑲ 75−56=19	⑳ 82−14=68
㉑ 52−39=13	㉒ 65−57=8	㉓ 93−19=74	㉔ 82−66=16

자기 점수에 ○표 하세요

맞힌 개수	16개 이하	17~20개	21~22개	23~24개
학습 방법	개념을 다시 공부하세요.	조금 더 노력 하세요.	실수하면 안 돼요.	참 잘했어요.

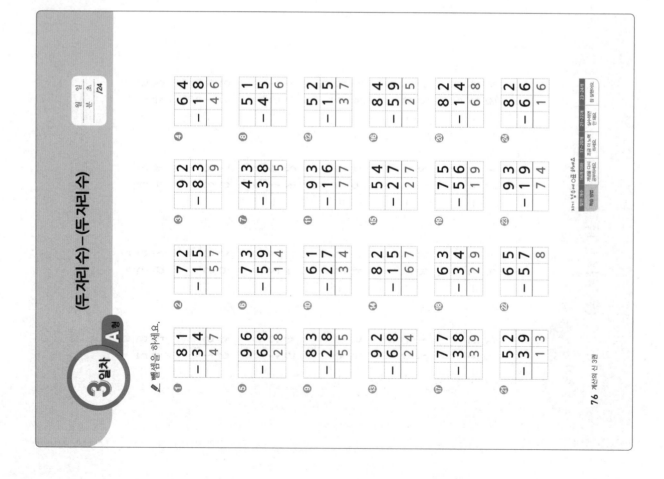

3일차 B형 (두 자리 수)-(두 자리 수)

월 일 분 초 /16

정답 30쪽

빨셈을 하세요.

① 42−38=4	② 91−59=32	③ 73−29=44	④ 93−17=76
⑤ 91−22=69	⑥ 56−47=9	⑦ 91−69=22	⑧ 72−35=37
⑨ 77−29=48	⑩ 91−19=72	⑪ 84−48=36	⑫ 93−77=16
⑬ 82−39=43	⑭ 66−48=18	⑮ 55−26=29	⑯ 94−36=58

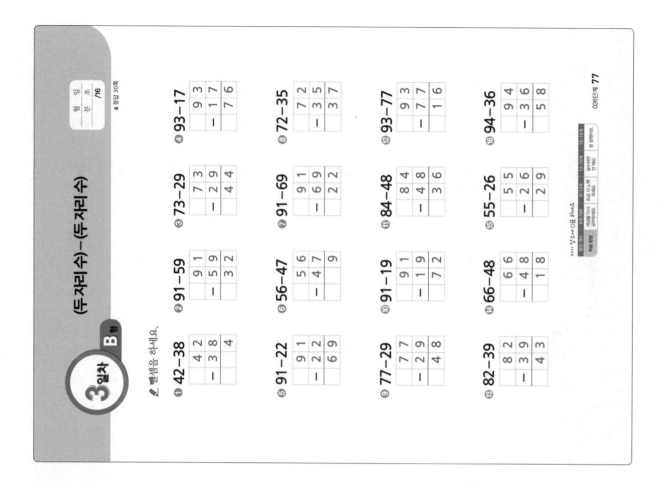

자기 점수에 ○표 하세요

맞힌 개수	8개 이하	9~12개	13~14개	15~16개
학습 방법	개념을 다시 공부하세요.	조금 더 노력 하세요.	실수하면 안 돼요.	참 잘했어요.

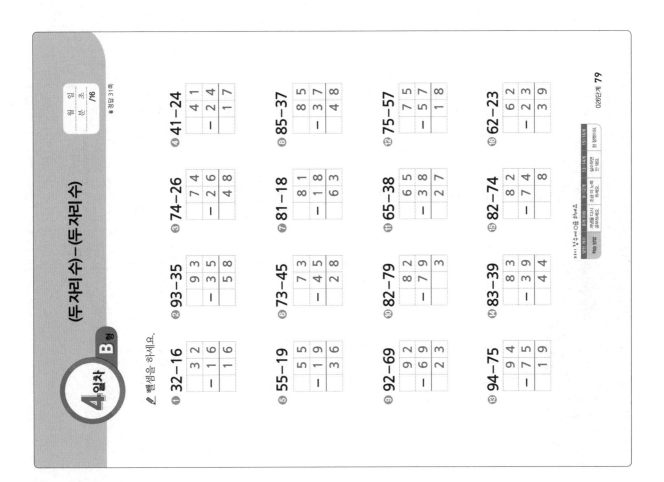

4일차 A형 (두 자리 수)-(두 자리 수)

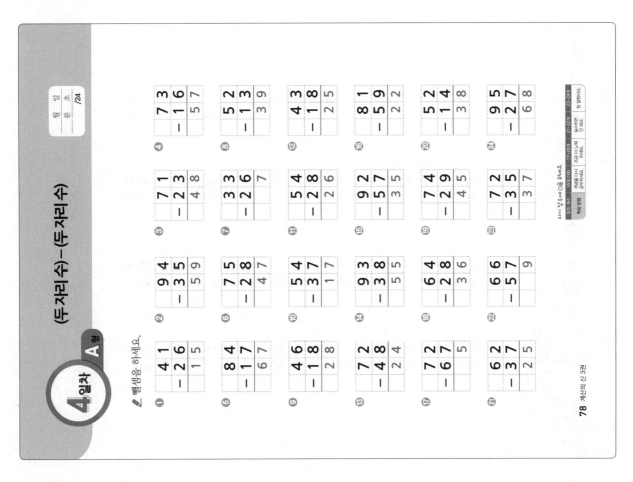

월 일 / 분 초 / /24

빨셈을 하세요.

① 41 − 26 = 15
② 94 − 35 = 59
③ 71 − 23 = 48
④ 73 − 16 = 57
⑤ 84 − 17 = 67
⑥ 75 − 28 = 47
⑦ 33 − 26 = 7
⑧ 52 − 13 = 39
⑨ 46 − 18 = 28
⑩ 54 − 37 = 17
⑪ 54 − 28 = 26
⑫ 43 − 18 = 25
⑬ 72 − 48 = 24
⑭ 93 − 38 = 55
⑮ 92 − 57 = 35
⑯ 81 − 59 = 22
⑰ 72 − 67 = 5
⑱ 64 − 28 = 36
⑲ 74 − 29 = 45
⑳ 52 − 14 = 38
㉑ 62 − 37 = 25
㉒ 66 − 57 = 9
㉓ 72 − 35 = 37
㉔ 95 − 27 = 68

자기 점수에 ○표 하세요

맞힌 개수	16개 이하	17~20개	21~22개	23~24개
학습 방법	개념을 다시 공부하세요.	조금 더 노력하세요.	실수하면 안 돼요.	참 잘했어요.

4일차 B형 (두 자리 수)-(두 자리 수)

월 일 / 분 초 / /16

정답 31쪽

빨셈을 하세요.

① 32−16 = 16
② 93−35 = 58
③ 74−26 = 48
④ 41−24 = 17
⑤ 55−19 = 36
⑥ 73−45 = 28
⑦ 81−18 = 63
⑧ 85−37 = 48
⑨ 92−69 = 23
⑩ 82−79 = 3
⑪ 65−38 = 27
⑫ 75−57 = 18
⑬ 94−75 = 19
⑭ 83−39 = 44
⑮ 82−74 = 8
⑯ 62−23 = 39

자기 점수에 ○표 하세요

맞힌 개수	8개 이하	9~12개	13~14개	15~16개
학습 방법	개념을 다시 공부하세요.	조금 더 노력하세요.	실수하면 안 돼요.	참 잘했어요.

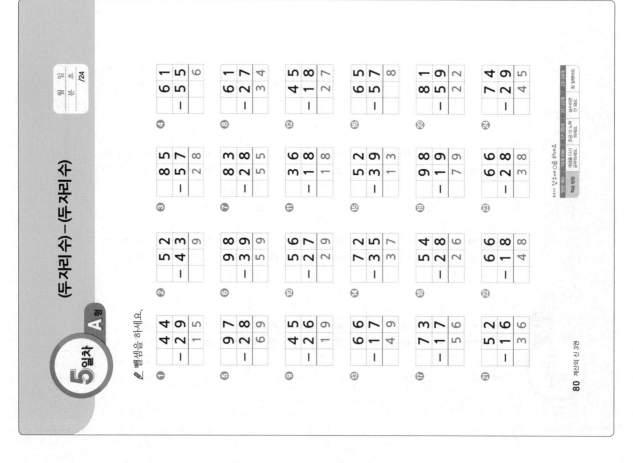

5일차 A형 (두 자리 수)−(두 자리 수)

월 일 / 분 초 / /24

빨셈을 하세요.

① $44-29=15$
② $52-43=9$
③ $85-57=28$
④ $61-55=6$
⑤ $97-28=69$
⑥ $98-39=59$
⑦ $83-28=55$
⑧ $61-27=34$
⑨ $45-26=19$
⑩ $56-27=29$
⑪ $36-18=18$
⑫ $45-18=27$
⑬ $66-17=49$
⑭ $72-35=37$
⑮ $52-39=13$
⑯ $65-57=8$
⑰ $73-17=56$
⑱ $54-28=26$
⑲ $98-19=79$
⑳ $81-59=22$
㉑ $52-16=36$
㉒ $66-18=48$
㉓ $66-28=38$
㉔ $74-29=45$

자기 점수에 ○표 하세요.

맞힌 개수	16개 이하	17~20개	21~22개	23~24개
학습 방법	개념을 다시 공부하세요.	조금 더 노력하세요.	실수하면 안 돼요.	참 잘했어요.

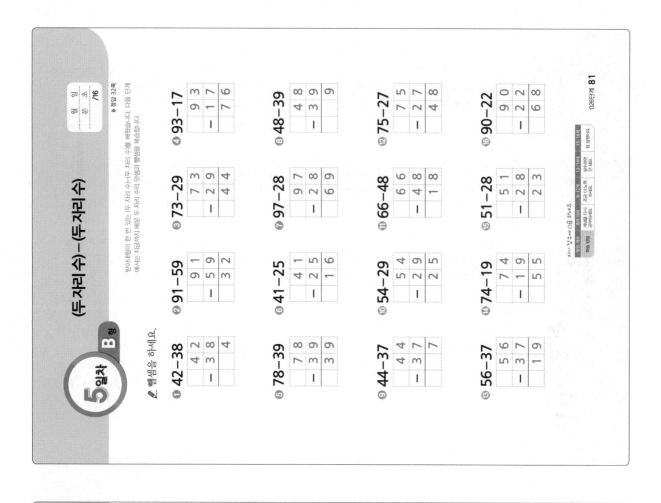

5일차 B형 (두 자리 수)−(두 자리 수)

월 일 / 분 초 / /16

※ 정답 32쪽

받아내림이 한 번 있는 (두 자리 수)−(두 자리 수)를 배웠습니다. 다음 단계에서는 지금까지 배운 두 자리 수의 덧셈과 뺄셈을 복습합니다.

빨셈을 하세요.

① $42-38=4$
② $91-59=32$
③ $73-29=44$
④ $93-17=76$
⑤ $78-39=39$
⑥ $41-25=16$
⑦ $97-28=69$
⑧ $48-39=9$
⑨ $44-37=7$
⑩ $54-29=25$
⑪ $66-48=18$
⑫ $75-27=48$
⑬ $56-37=19$
⑭ $74-19=55$
⑮ $51-28=23$
⑯ $90-22=68$

자기 점수에 ○표 하세요.

맞힌 개수	8개 이하	9~12개	13~14개	15~16개
학습 방법	개념을 다시 공부하세요.	조금 더 노력하세요.	실수하면 안 돼요.	참 잘했어요.

세 단계 묶어 풀기 O24 ~ O26단계
받아내림이 있는 두 자리 수의 뺄셈

월 일 / 분 초 / /21

정답 33쪽

계산을 하세요.

① 41−8=33 ② 83−9=74 ③ 62−8=54

④ 50−22=28 ⑤ 90−48=42 ⑥ 70−36=34

⑦ 43−17=26 ⑧ 65−28=37 ⑨ 83−15=68

⑩ 54−7	⑪ 25−8	⑫ 66−9	⑬ 90−4
5 4	2 5	6 6	9 0
− 7	− 8	− 9	− 4
4 7	1 7	5 7	8 6

⑭ 80−13	⑮ 60−21	⑯ 40−16	⑰ 80−14
8 0	6 0	4 0	8 0
− 1 3	− 2 1	− 1 6	− 1 4
6 7	3 9	2 4	6 6

⑱ 93−34	⑲ 72−36	⑳ 84−57	㉑ 54−36
9 3	7 2	8 4	5 4
− 3 4	− 3 6	− 5 7	− 3 6
5 9	3 6	2 7	1 8

1일차 A형 두 자리 수의 덧셈과 뺄셈 종합

월 일
분 초
/24

계산을 하세요.

① 25 + 38 = 63
② 36 + 19 = 55
③ 49 + 32 = 81
④ 63 + 27 = 90
⑤ 16 + 57 = 73
⑥ 71 + 47 = 118
⑦ 83 + 62 = 145
⑧ 67 + 44 = 111
⑨ 46 + 87 = 133
⑩ 58 + 55 = 113
⑪ 34 + 98 = 132
⑫ 97 + 18 = 115
⑬ 73 − 24 = 49
⑭ 43 − 18 = 25
⑮ 95 − 88 = 7
⑯ 86 − 47 = 39
⑰ 76 − 28 = 48
⑱ 54 − 18 = 36
⑲ 41 − 39 = 2
⑳ 71 − 13 = 58
㉑ 50 − 36 = 14
㉒ 66 − 47 = 19
㉓ 76 − 48 = 28
㉔ 83 − 18 = 65

자기 점수에 ○표 하세요

맞힌 개수	16개 이하	17~20개	21~22개	23~24개
학습 방법	개념을 다시 공부하세요.	조금 더 노력 하세요.	실수하면 안 돼요.	참 잘했어요.

1일차 B형 두 자리 수의 덧셈과 뺄셈 종합

월 일
분 초
/16

정답 34쪽

계산을 하세요.

① 35+27 → 35 + 27 = 62
② 67+13 → 67 + 13 = 80
③ 58+46 → 58 + 46 = 104
④ 59+93 → 59 + 93 = 152
⑤ 42+79 → 42 + 79 = 121
⑥ 86+28 → 86 + 28 = 114
⑦ 76+58 → 76 + 58 = 134
⑧ 59+83 → 59 + 83 = 142
⑨ 94−35 → 94 − 35 = 59
⑩ 54−29 → 54 − 29 = 25
⑪ 68−59 → 68 − 59 = 9
⑫ 78−59 → 78 − 59 = 19
⑬ 84−37 → 84 − 37 = 47
⑭ 92−28 → 92 − 28 = 64
⑮ 93−56 → 93 − 56 = 37
⑯ 81−68 → 81 − 68 = 13

자기 점수에 ○표 하세요

맞힌 개수	8개 이하	9~12개	13~14개	15~16개
학습 방법	개념을 다시 공부하세요.	조금 더 노력 하세요.	실수하면 안 돼요.	참 잘했어요.

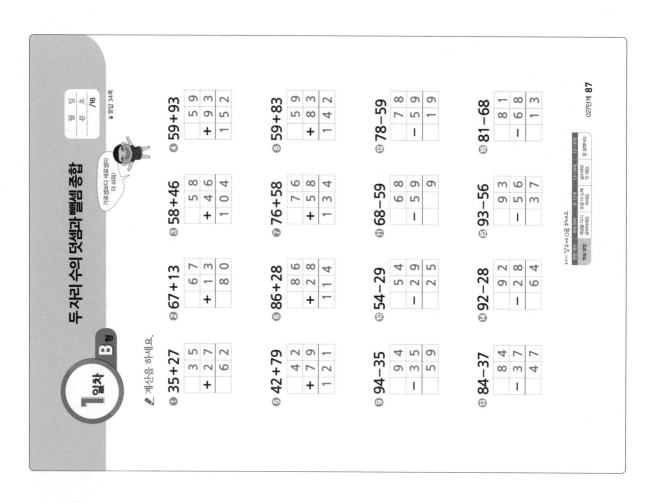

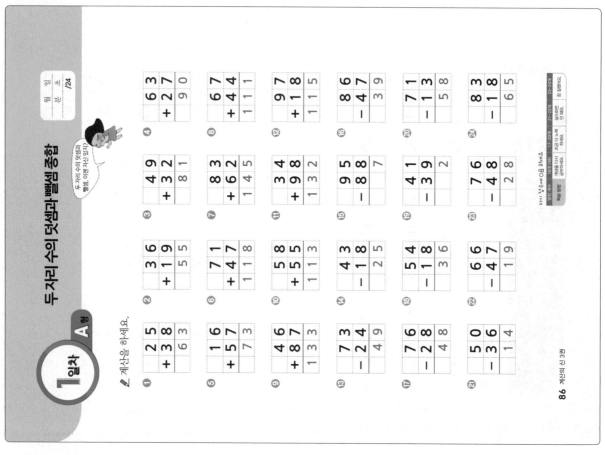

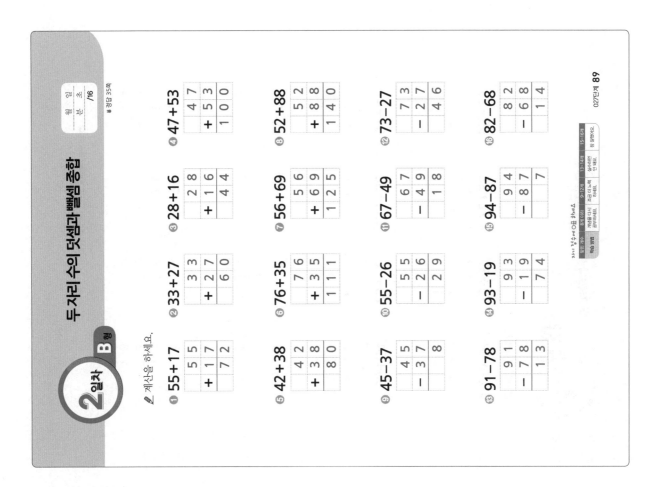

2일차 A형 두 자리 수의 덧셈과 뺄셈 종합

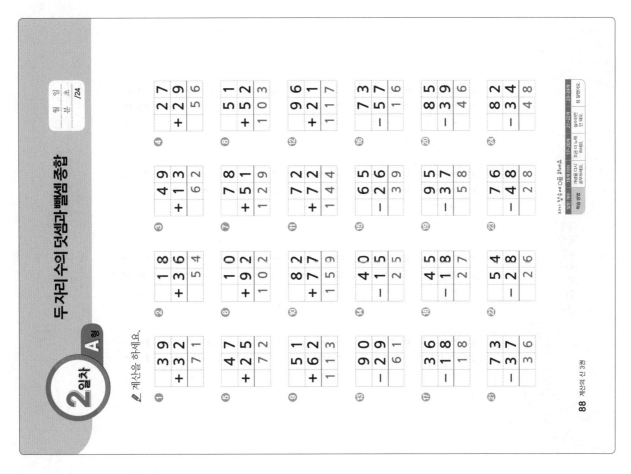

월 일 / 분 초 / /24

계산을 하세요.

① 39 + 32 = 71	② 18 + 36 = 54	③ 49 + 13 = 62	④ 27 + 29 = 56
⑤ 47 + 25 = 72	⑥ 10 + 92 = 102	⑦ 78 + 51 = 129	⑧ 51 + 52 = 103
⑨ 51 + 62 = 113	⑩ 82 + 77 = 159	⑪ 72 + 72 = 144	⑫ 96 + 21 = 117
⑬ 90 − 29 = 61	⑭ 40 − 15 = 25	⑮ 65 − 26 = 39	⑯ 73 − 57 = 16
⑰ 36 − 18 = 18	⑱ 45 − 18 = 27	⑲ 95 − 37 = 58	⑳ 85 − 39 = 46
㉑ 73 − 37 = 36	㉒ 54 − 28 = 26	㉓ 76 − 48 = 28	㉔ 82 − 34 = 48

자기 점수에 ○표 하세요

맞힌 개수	16개 이하	17~20개	21~22개	23~24개
학습 방법	개념을 다시 공부하세요.	조금 더 노력 하세요.	실수하면 안 돼요.	참 잘했어요.

2일차 B형 두 자리 수의 덧셈과 뺄셈 종합

월 일 / 분 초 / /16

정답 35쪽

계산을 하세요.

① 55+17 = 72	② 33+27 = 60	③ 28+16 = 44	④ 47+53 = 100
⑤ 42+38 = 80	⑥ 76+35 = 111	⑦ 56+69 = 125	⑧ 52+88 = 140
⑨ 45−37 = 8	⑩ 55−26 = 29	⑪ 67−49 = 18	⑫ 73−27 = 46
⑬ 91−78 = 13	⑭ 93−19 = 74	⑮ 94−87 = 7	⑯ 82−68 = 14

자기 점수에 ○표 하세요

맞힌 개수	8개 이하	9~12개	13~14개	15~16개
학습 방법	개념을 다시 공부하세요.	조금 더 노력 하세요.	실수하면 안 돼요.	참 잘했어요.

3일차 A형 두 자리 수의 덧셈과 뺄셈 종합

월 일 / 분 초 / /24

계산을 하세요.

1. 96 + 57 = 153
2. 51 + 83 = 134
3. 29 + 82 = 111
4. 67 + 33 = 100
5. 28 + 37 = 65
6. 89 + 52 = 141
7. 75 + 76 = 151
8. 83 + 38 = 121
9. 51 + 62 = 113
10. 84 + 77 = 161
11. 92 + 78 = 170
12. 96 + 28 = 124
13. 54 − 18 = 36
14. 41 − 39 = 2
15. 66 − 17 = 49
16. 76 − 48 = 28
17. 76 − 28 = 48
18. 51 − 19 = 32
19. 92 − 27 = 65
20. 40 − 18 = 22
21. 77 − 59 = 18
22. 66 − 47 = 19
23. 73 − 47 = 26
24. 83 − 28 = 55

자기 점수에 ○표 하세요

맞힌 개수	16개 이하	17~20개	21~22개	23~24개
학습 방법	개념을 다시 공부하세요.	조금 더 노력하세요.	실수하면 안 돼요.	참 잘했어요.

3일차 B형 두 자리 수의 덧셈과 뺄셈 종합

월 일 / 분 초 / /16

정답 36쪽

계산을 하세요.

1. 27+38 = 65
2. 75+59 = 134
3. 72+38 = 110
4. 95+25 = 120
5. 96+54 = 150
6. 29+76 = 105
7. 33+58 = 91
8. 64+49 = 113
9. 75−28 = 47
10. 46−17 = 29
11. 76−38 = 38
12. 88−79 = 9
13. 41−23 = 18
14. 80−36 = 44
15. 95−29 = 66
16. 83−24 = 59

자기 점수에 ○표 하세요

맞힌 개수	8개 이하	9~12개	13~14개	15~16개
학습 방법	개념을 다시 공부하세요.	조금 더 노력하세요.	실수하면 안 돼요.	참 잘했어요.

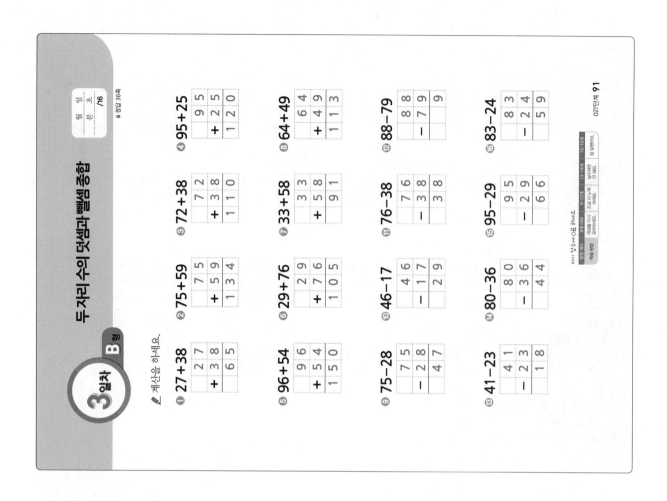

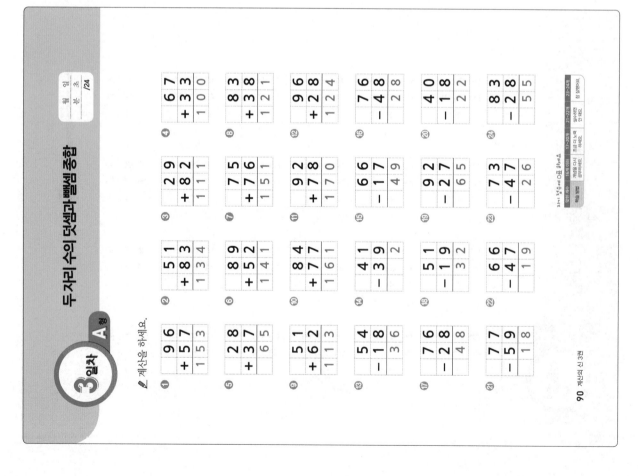

4일차 A형 두 자리 수의 덧셈과 뺄셈 종합

월 일 / 분 초 / /24

계산을 하세요.

① $64 + 18 = 82$
② $56 + 24 = 80$
③ $38 + 32 = 70$
④ $56 + 44 = 100$
⑤ $28 + 37 = 65$
⑥ $79 + 52 = 131$
⑦ $85 + 77 = 162$
⑧ $83 + 38 = 121$
⑨ $76 + 76 = 152$
⑩ $99 + 85 = 184$
⑪ $37 + 79 = 116$
⑫ $96 + 49 = 145$
⑬ $46 - 17 = 29$
⑭ $72 - 36 = 36$
⑮ $85 - 36 = 49$
⑯ $72 - 34 = 38$
⑰ $98 - 29 = 69$
⑱ $62 - 39 = 23$
⑲ $70 - 54 = 16$
⑳ $32 - 27 = 5$
㉑ $90 - 43 = 47$
㉒ $73 - 45 = 28$
㉓ $62 - 19 = 43$
㉔ $93 - 37 = 56$

자기 점수에 ○표 하세요

맞힌 개수	16개 이하	17~20개	21~22개	23~24개
학습 방법	개념을 다시 공부하세요.	조금 더 노력 하세요.	실수하면 안 돼요.	참 잘했어요.

4일차 B형 두 자리 수의 덧셈과 뺄셈 종합

월 일 / 분 초 / /16

정답 37쪽

계산을 하세요.

① $65+16$: $65 + 16 = 81$
② $27+39$: $27 + 39 = 66$
③ $18+14$: $18 + 14 = 32$
④ $67+56$: $67 + 56 = 123$
⑤ $94+38$: $94 + 38 = 132$
⑥ $28+84$: $28 + 84 = 112$
⑦ $37+59$: $37 + 59 = 96$
⑧ $65+78$: $65 + 78 = 143$
⑨ $54-39$: $54 - 39 = 15$
⑩ $45-19$: $45 - 19 = 26$
⑪ $74-28$: $74 - 28 = 46$
⑫ $73-36$: $73 - 36 = 37$
⑬ $91-78$: $91 - 78 = 13$
⑭ $82-24$: $82 - 24 = 58$
⑮ $63-56$: $63 - 56 = 7$
⑯ $72-66$: $72 - 66 = 6$

자기 점수에 ○표 하세요

맞힌 개수	8개 이하	9~12개	13~14개	15~16개
학습 방법	개념을 다시 공부하세요.	조금 더 노력 하세요.	실수하면 안 돼요.	참 잘했어요.

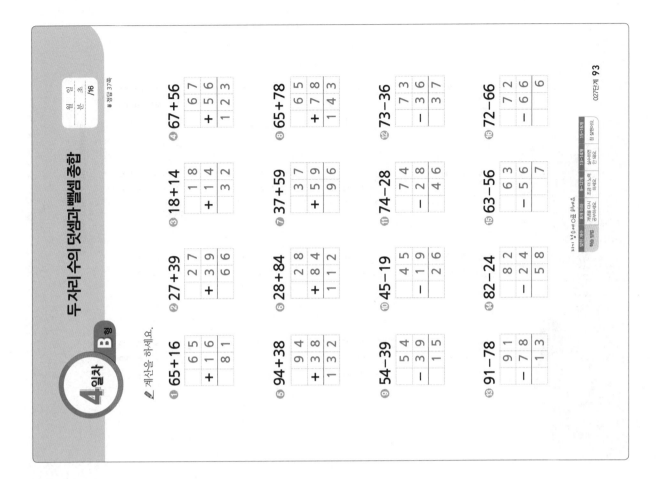

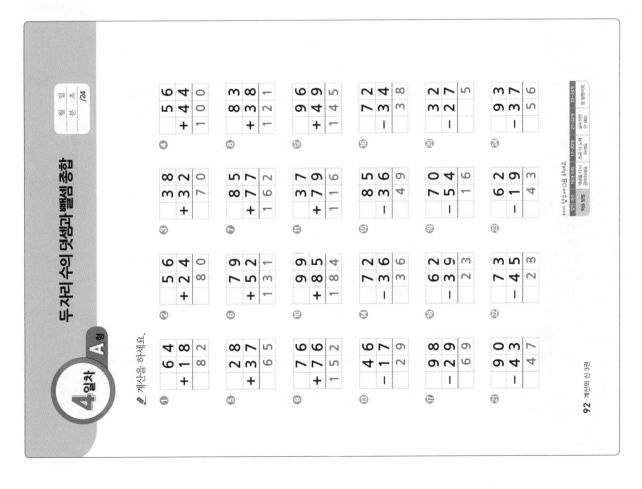

5일차 A형 두 자리 수의 덧셈과 뺄셈 종합

월 일 분 초 /24

계산을 하세요.

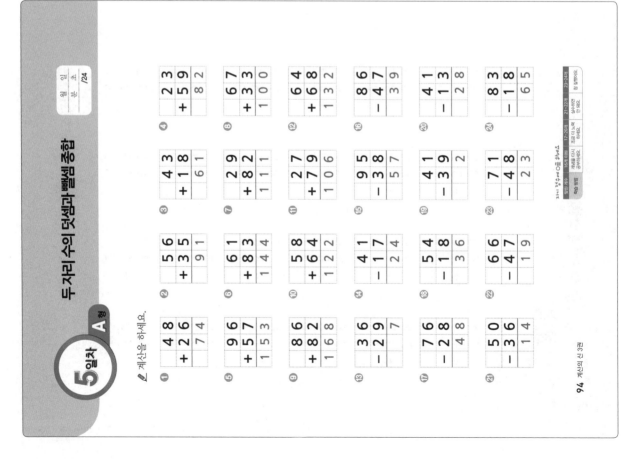

① 48 + 26 = 74
② 56 + 35 = 91
③ 43 + 18 = 61
④ 23 + 59 = 82
⑤ 96 + 57 = 153
⑥ 61 + 83 = 144
⑦ 29 + 82 = 111
⑧ 67 + 33 = 100
⑨ 86 + 82 = 168
⑩ 58 + 64 = 122
⑪ 27 + 79 = 106
⑫ 64 + 68 = 132
⑬ 36 − 29 = 7
⑭ 41 − 17 = 24
⑮ 95 − 38 = 57
⑯ 86 − 47 = 39
⑰ 76 − 28 = 48
⑱ 54 − 18 = 36
⑲ 41 − 39 = 2
⑳ 41 − 13 = 28
㉑ 50 − 36 = 14
㉒ 66 − 47 = 19
㉓ 71 − 48 = 23
㉔ 83 − 18 = 65

자기 점수에 ○표 하세요

맞힌 개수	16개 이하	17~20개	21~22개	23~24개
학습 방법	개념을 다시 공부하세요.	조금 더 노력하세요.	실수하면 안 돼요.	참 잘했어요.

5일차 B형 두 자리 수의 덧셈과 뺄셈 종합

월 일 분 초 /16

정답 38쪽

지금까지 두 자리 수의 덧셈과 뺄셈에 대해 배웠습니다. 다음 단계에서는 덧셈과 뺄셈의 여러 가지 방법에 대해 배웁니다.

계산을 하세요.

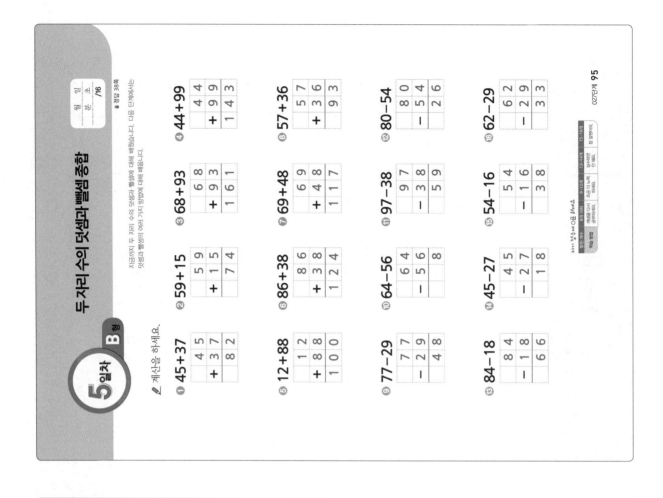

① 45+37 = 82
② 59+15 = 74
③ 68+93 = 161
④ 44+99 = 143
⑤ 12+88 = 100
⑥ 86+38 = 124
⑦ 69+48 = 117
⑧ 57+36 = 93
⑨ 77−29 = 48
⑩ 64−56 = 8
⑪ 97−38 = 59
⑫ 80−54 = 26
⑬ 84−18 = 66
⑭ 45−27 = 18
⑮ 54−16 = 38
⑯ 62−29 = 33

자기 점수에 ○표 하세요

맞힌 개수	8개 이하	9~12개	13~14개	15~16개
학습 방법	개념을 다시 공부하세요.	조금 더 노력하세요.	실수하면 안 돼요.	참 잘했어요.

1일차 A형 덧셈, 뺄셈의 여러 가지 방법

월 일
분 초
/10

여러 가지 방법으로 덧셈을 해 보자!

빈칸에 알맞은 수를 넣으세요.

❶ 49+53=49+[50]+3
=[99]+3
=[102]

❷ 49+53=[40]+[50]+9+3
=[90]+12
=[102]

❸ 26+35=26+[30]+5
=[56]+5
=[61]

❹ 26+35=[20]+[30]+6+5
=[50]+11
=[61]

❺ 58+16=58+[20]−4
=[78]−4
=[74]

❻ 58+16=[50]+[10]+8+6
=[60]+14
=[74]

❼ 12+79=12+[80]−1
=[92]−1
=[91]

❽ 12+79=[10]+[70]+2+9
=[80]+11
=[91]

❾ 69+23=69+[20]+3
=[89]+3
=[92]

❿ 69+23=69+[30]−7
=[99]−7
=[92]

자기 점수에 ○표 하세요.

맞힌 개수	4개 이하	5~6개	7~8개	9~10개
학습 방법	개념을 다시 공부하세요.	조금 더 노력하세요.	실수하면 안 돼요.	참 잘했어요.

1일차 B형 덧셈, 뺄셈의 여러 가지 방법

월 일
분 초
/10

여러 가지 방법으로 뺄셈을 해 보자!

정답 39쪽

빈칸에 알맞은 수를 넣으세요.

❶ 52−14=52−[12]−2
=[40]−2
=[38]

❷ 52−14=52−[10]−4
=[42]−4
=[38]

❸ 65−29=65−[25]−4
=[40]−4
=[36]

❹ 65−29=65−[20]−9
=[45]−9
=[36]

❺ 83−47=83−[50]+3
=[33]+3
=[36]

❻ 83−47=83−[40]−7
=[43]−7
=[36]

❼ 71−25=70−[25]+1
=[45]+1
=[46]

❽ 71−25=71−[20]−5
=[51]−5
=[46]

❾ 45−18=45−[15]−3
=[30]−3
=[27]

❿ 45−18=40−[18]+5
=[22]+5
=[27]

자기 점수에 ○표 하세요.

맞힌 개수	4개 이하	5~6개	7~8개	9~10개
학습 방법	개념을 다시 공부하세요.	조금 더 노력하세요.	실수하면 안 돼요.	참 잘했어요.

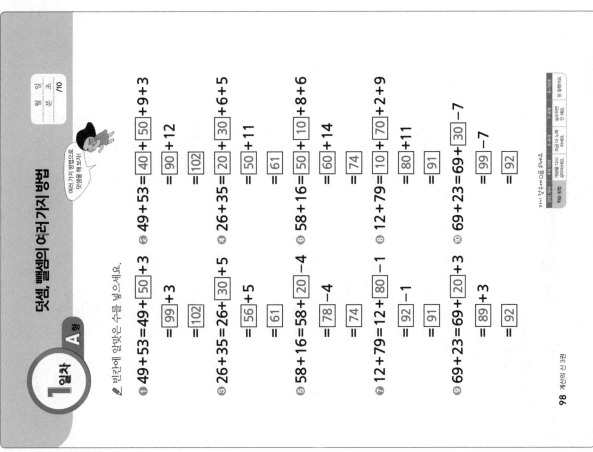

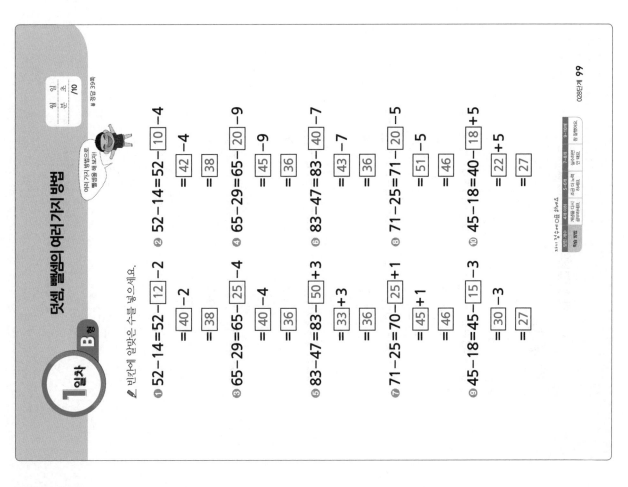

2일차 A형 덧셈, 뺄셈의 여러 가지 방법

월 일 / 분 초 / /10

빈칸에 알맞은 수를 넣으세요.

❶ 24+38=24+[30]+8 =[54]+8 =[62]

❷ 24+38=[20]+[30]+4+8 =[50]+12 =[62]

❸ 17+76=17+[70]+6 =[87]+6 =[93]

❹ 17+76=[10]+[70]+7+6 =[80]+13 =[93]

❺ 48+13=48+[20]−7 =[68]−7 =[61]

❻ 48+13=[40]+[10]+8+3 =[50]+11 =[61]

❼ 56+27=56+[30]−3 =[86]−3 =[83]

❽ 56+27=[50]+[20]+6+7 =[70]+13 =[83]

❾ 35+19=35+[10]+9 =[45]+9 =[54]

❿ 35+19=35+[20]−1 =[55]−1 =[54]

자기 점수에 ○표 하세요

맞힌 개수	4개 이하	5~6개	7~8개	9~10개
학습 방법	개념을 다시 공부하세요.	조금 더 노력하세요.	실수하면 안 돼요.	참 잘했어요.

2일차 B형 덧셈, 뺄셈의 여러 가지 방법

월 일 / 분 초 / /10

정답 40쪽

빈칸에 알맞은 수를 넣으세요.

❶ 61−43=61−[41]−2 =[20]−2 =[18]

❷ 61−43=61−[40]−3 =[21]−3 =[18]

❸ 95−48=95−[45]−3 =[50]−3 =[47]

❹ 95−48=95−[40]−8 =[55]−8 =[47]

❺ 52−17=50−[17]+2 =[33]+2 =[35]

❻ 52−17=52−[10]−7 =[42]−7 =[35]

❼ 83−29=80−[29]+3 =[51]+3 =[54]

❽ 83−29=83−[20]−9 =[63]−9 =[54]

❾ 76−37=76−[36]−1 =[40]−1 =[39]

❿ 76−37=70−[37]+6 =[33]+6 =[39]

자기 점수에 ○표 하세요

맞힌 개수	4개 이하	5~6개	7~8개	9~10개
학습 방법	개념을 다시 공부하세요.	조금 더 노력하세요.	실수하면 안 돼요.	참 잘했어요.

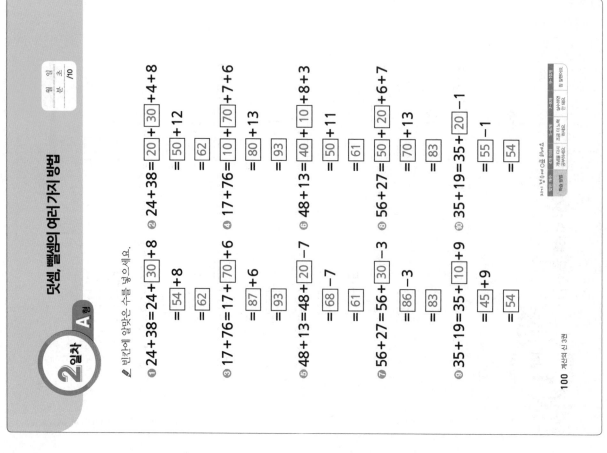

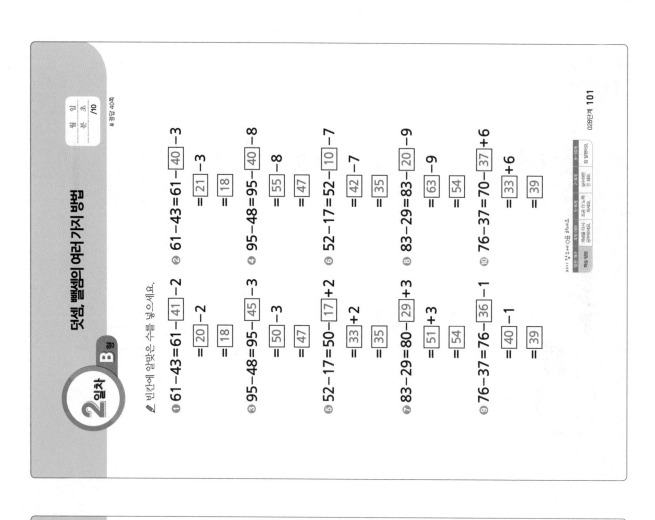

3일차 A형

덧셈, 뺄셈의 여러 가지 방법

월 일
분 초
/10

빈칸에 알맞은 수를 넣으세요.

❶ 66+25=66+[20]+5
=[86]+5
=[91]

❷ 66+25=[60]+[20]+6+5
=[80]+11
=[91]

❸ 39+54=39+[50]+4
=[89]+4
=[93]

❹ 39+54=[30]+[50]+9+4
=[80]+13
=[93]

❺ 17+16=17+[20]−4
=[37]−4
=[33]

❻ 17+16=[10]+[10]+7+6
=[20]+13
=[33]

❼ 48+39=48+[40]−1
=[88]−1
=[87]

❽ 48+39=[40]+[30]+8+9
=[70]+17
=[87]

❾ 29+11=29+[10]+1
=[39]+1
=[40]

❿ 29+11=29+[20]−9
=[49]−9
=[40]

자기 점수에 ○표 하세요

맞힌 개수	4개 이하	5~6개	7~8개	9~10개
학습 방법	개념을 다시 공부하세요.	조금 더 노력 하세요.	실수하면 안 돼요.	참 잘했어요.

3일차 B형

덧셈, 뺄셈의 여러 가지 방법

월 일
분 초
/10

정답 41쪽

빈칸에 알맞은 수를 넣으세요.

❶ 72−56=72−[52]−4
=[20]−4
=[16]

❷ 72−56=72−[50]−6
=[22]−6
=[16]

❸ 45−18=45−[15]−3
=[30]−3
=[27]

❹ 45−18=45−[10]−8
=[35]−8
=[27]

❺ 64−39=60−[39]+4
=[21]+4
=[25]

❻ 64−39=64−[30]−9
=[34]−9
=[25]

❼ 81−27=80−[27]+1
=[53]+1
=[54]

❽ 81−27=81−[20]−7
=[61]−7
=[54]

❾ 54−29=54−[24]−5
=[30]−5
=[25]

❿ 54−29=50−[29]+4
=[21]+4
=[25]

자기 점수에 ○표 하세요

맞힌 개수	4개 이하	5~6개	7~8개	9~10개
학습 방법	개념을 다시 공부하세요.	조금 더 노력 하세요.	실수하면 안 돼요.	참 잘했어요.

4일차 A형 덧셈, 뺄셈의 여러 가지 방법

월 일 / 분 초 / /10

빈칸에 알맞은 수를 넣으세요.

❶ 45+47=45+[40]+7
=[85]+7
=[92]

❷ 45+47=[40]+[40]+5+7
=[80]+12
=[92]

❸ 68+15=68+[10]+5
=[78]+5
=[83]

❹ 68+15=[60]+[10]+8+5
=[70]+13
=[83]

❺ 23+47=23+[50]−3
=[73]−3
=[70]

❻ 23+47=[20]+[40]+3+7
=[60]+10
=[70]

❼ 56+26=56+[30]−4
=[86]−4
=[82]

❽ 56+26=[50]+[20]+6+6
=[70]+12
=[82]

❾ 17+36=17+[30]+6
=[47]+6
=[53]

❿ 17+36=17+[40]−4
=[57]−4
=[53]

자기 점수에 ○표 하세요.

맞힌 개수	4개 이하	5-6개	7-8개	9-10개
학습 방법	개념을 다시 공부하세요.	조금 더 노력하세요.	실수하면 안 돼요.	참 잘했어요.

4일차 B형 덧셈, 뺄셈의 여러 가지 방법

월 일 / 분 초 / /10

정답 42쪽

빈칸에 알맞은 수를 넣으세요.

❶ 43−16=43−[13]−3
=[30]−3
=[27]

❷ 43−16=43−[10]−6
=[33]−6
=[27]

❸ 81−37=81−[31]−6
=[50]−6
=[44]

❹ 81−37=81−[30]−7
=[51]−7
=[44]

❺ 52−23=50−[23]+2
=[27]+2
=[29]

❻ 52−23=52−[20]−3
=[32]−3
=[29]

❼ 75−49=70−[49]+5
=[21]+5
=[26]

❽ 75−49=75−[40]−9
=[35]−9
=[26]

❾ 61−26=61−[21]−5
=[40]−5
=[35]

❿ 61−26=60−[26]+1
=[34]+1
=[35]

자기 점수에 ○표 하세요.

맞힌 개수	4개 이하	5-6개	7-8개	9-10개
학습 방법	개념을 다시 공부하세요.	조금 더 노력하세요.	실수하면 안 돼요.	참 잘했어요.

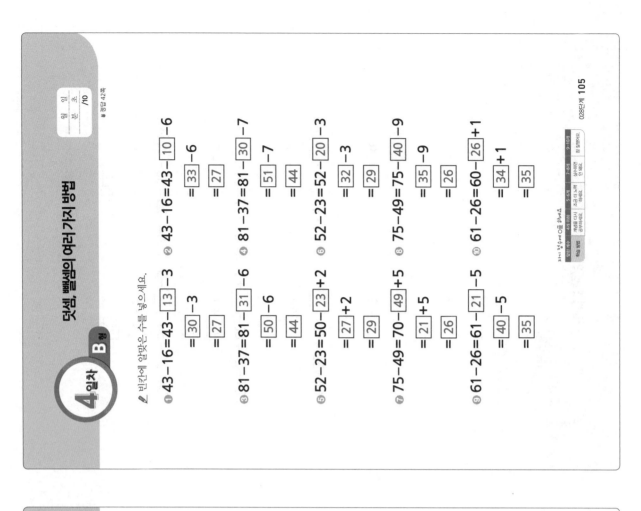

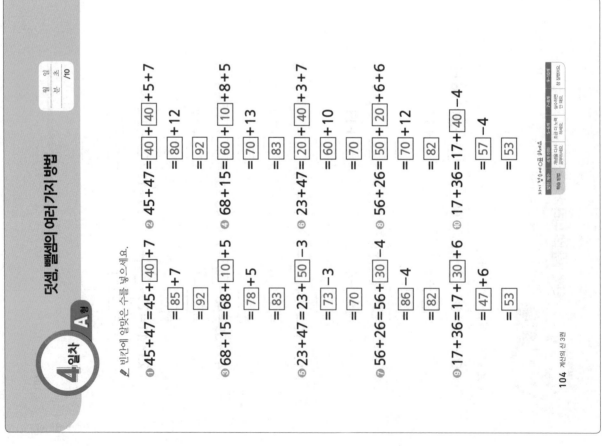

5일차 A형 덧셈, 뺄셈의 여러 가지 방법

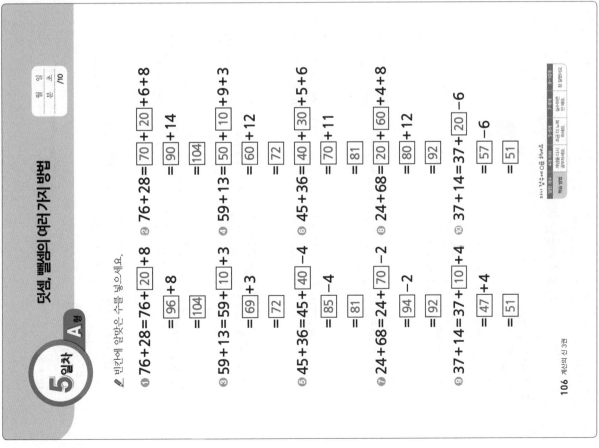

월 일 / 분 초 / /10

빈칸에 알맞은 수를 넣으세요.

❶ 76+28=76+[20]+8
=[96]+8
=[104]

❷ 76+28=[70]+[20]+6+8
=[90]+14
=[104]

❸ 59+13=59+[10]+3
=[69]+3
=[72]

❹ 59+13=[50]+[10]+9+3
=[60]+12
=[72]

❺ 45+36=45+[40]−4
=[85]−4
=[81]

❻ 45+36=[40]+[30]+5+6
=[70]+11
=[81]

❼ 24+68=24+[70]−2
=[94]−2
=[92]

❽ 24+68=[20]+[60]+4+8
=[80]+12
=[92]

❾ 37+14=37+[10]+4
=[47]+4
=[51]

❿ 37+14=37+[20]−6
=[57]−6
=[51]

자기 점수에 ○표 하세요

맞힌 개수	4개 이하	5~6개	7~8개	9~10개
학습 방법	개념을 다시 공부하세요.	조금 더 노력하세요.	실수하면 안 돼요.	참 잘했어요.

5일차 B형 덧셈, 뺄셈의 여러 가지 방법

월 일 / 분 초 / /10

정답 43쪽

덧셈과 뺄셈의 여러 가지 방법에 대해 배웠습니다. 다음 단계에서는 덧셈과 뺄셈 사이에는 어떠한 관계가 있는지 알아봅니다.

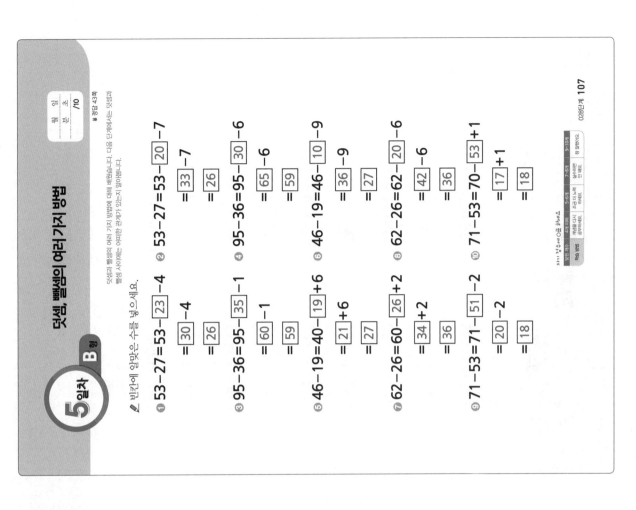

빈칸에 알맞은 수를 넣으세요.

❶ 53−27=53−[23]−4
=[30]−4
=[26]

❷ 53−27=53−[20]−7
=[33]−7
=[26]

❸ 95−36=95−[35]−1
=[60]−1
=[59]

❹ 95−36=95−[30]−6
=[65]−6
=[59]

❺ 46−19=40−[19]+6
=[21]+6
=[27]

❻ 46−19=46−[10]−9
=[36]−9
=[27]

❼ 62−26=60−[26]+2
=[34]+2
=[36]

❽ 62−26=62−[20]−6
=[42]−6
=[36]

❾ 71−53=71−[51]−2
=[20]−2
=[18]

❿ 71−53=70−[53]+1
=[17]+1
=[18]

자기 점수에 ○표 하세요

맞힌 개수	4개 이하	5~6개	7~8개	9~10개
학습 방법	개념을 다시 공부하세요.	조금 더 노력하세요.	실수하면 안 돼요.	참 잘했어요.

1일차 A형 덧셈과 뺄셈의 관계

월 일 / 분 초 / /12

덧셈식과 뺄셈식
만들자!

빈칸에 알맞은 수를 넣으세요.

❶ 13+4=17 → 17−13=4 → 17−4=13

❷ 25+64=89 → 89−25=64 → 89−64=25

❸ 26+38=64 → 64−26=38 → 64−38=26

❹ 72+13=85 → 85−72=13 → 85−13=72

❺ 14+28=42 → 42−14=28 → 42−28=14

❻ 59+33=92 → 92−59=33 → 92−33=59

❼ 49−24=25 → 25+24=49 → 24+25=49

❽ 76−13=63 → 63+13=76 → 13+63=76

❾ 58−32=26 → 26+32=58 → 32+26=58

❿ 71−45=26 → 26+45=71 → 45+26=71

⓫ 52−14=38 → 38+14=52 → 14+38=52

⓬ 93−65=28 → 28+65=93 → 65+28=93

자기 점수에 ○표 하세요.

맞힌 개수	6개 이하	7~8개	9~10개	11~12개
학습 방법	개념을 다시 공부하세요.	조금 더 노력하세요.	실수하면 안 돼요.	참 잘했어요.

1일차 B형 덧셈과 뺄셈의 관계

월 일 / 분 초 / /20

덧셈식의 빈칸은 뺄셈으로
구하고, 뺄셈식의 빈칸은
덧셈으로 구해!

정답 44쪽

빈칸에 알맞은 수를 넣으세요.

❶ 11+4=15

❷ 36+12=48

❸ 23+62=85

❹ 16+5=21

❺ 27+53=80

❻ 34+29=63

❼ 45+3=48

❽ 28+2=30

❾ 66+16=82

❿ 17+24=41

⓫ 37−4=33

⓬ 29−16=13

⓭ 66−51=15

⓮ 40−1=39

⓯ 81−34=47

⓰ 58−19=39

⓱ 67−59=8

⓲ 74−47=27

⓳ 93−24=69

⓴ 89−59=30

자기 점수에 ○표 하세요.

맞힌 개수	12개 이하	13~16개	17~18개	19~20개
학습 방법	개념을 다시 공부하세요.	조금 더 노력하세요.	실수하면 안 돼요.	참 잘했어요.

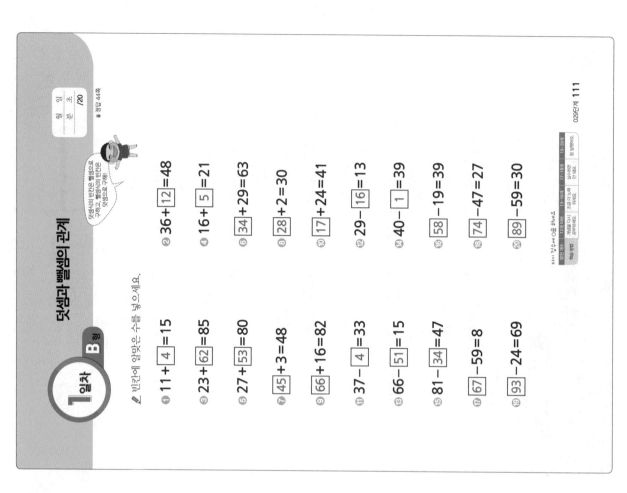

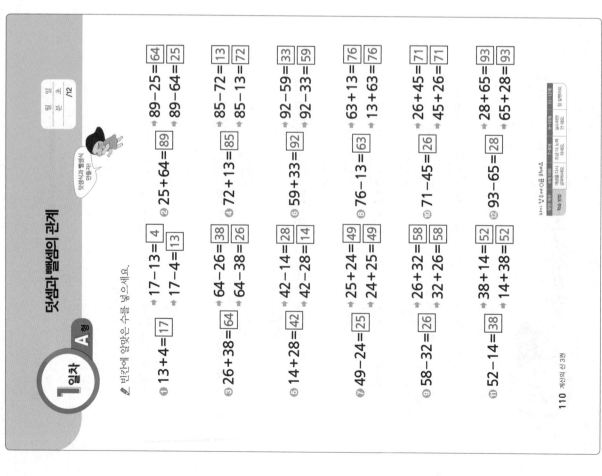

2일차 A형 덧셈과 뺄셈의 관계

월 일 / 분 초 / /12

빈칸에 알맞은 수를 넣으세요.

① 21+4=[25] → 25−4=[21], 25−21=[4]

② 53+34=[87] → 87−34=[53], 87−53=[34]

③ 31+19=[50] → 50−19=[31], 50−31=[19]

④ 34+38=[72] → 72−38=[34], 72−34=[38]

⑤ 25+59=[84] → 84−25=[59], 84−59=[25]

⑥ 14+29=[43] → 43−29=[14], 43−14=[29]

⑦ 58−2=[56] → 56+2=[58], 2+56=[58]

⑧ 35−13=[22] → 22+13=[35], 13+22=[35]

⑨ 70−3=[67] → 67+3=[70], 3+67=[70]

⑩ 90−15=[75] → 75+15=[90], 15+75=[90]

⑪ 53−24=[29] → 29+24=[53], 24+29=[53]

⑫ 96−28=[68] → 68+28=[96], 28+68=[96]

자기 점수에 ○표 하세요

맞힌 개수	6개 이하	7~8개	9~10개	11~12개
학습 방법	개념을 다시 공부하세요.	조금 더 노력하세요.	실수하면 안 돼요.	참 잘했어요.

2일차 B형 덧셈과 뺄셈의 관계

월 일 / 분 초 / /20

정답 45쪽

빈칸에 알맞은 수를 넣으세요.

① 65+[4]=69

② 36+[43]=79

③ 38+[2]=40

④ 19+[41]=60

⑤ 27+[44]=71

⑥ [25]+29=54

⑦ [51]+16=67

⑧ [74]+21=95

⑨ [76]+15=91

⑩ [38]+27=65

⑪ 97−[6]=91

⑫ 79−[26]=53

⑬ 61−[3]=58

⑭ 43−[27]=16

⑮ 80−[24]=56

⑯ [92]−56=36

⑰ [86]−5=81

⑱ [84]−40=44

⑲ [42]−25=17

⑳ [73]−54=19

자기 점수에 ○표 하세요

맞힌 개수	12개 이하	13~16개	17~18개	19~20개
학습 방법	개념을 다시 공부하세요.	조금 더 노력하세요.	실수하면 안 돼요.	참 잘했어요.

3일차 A형 덧셈과 뺄셈의 관계

월 일 / 분 초 / /12

빈칸에 알맞은 수를 넣으세요.

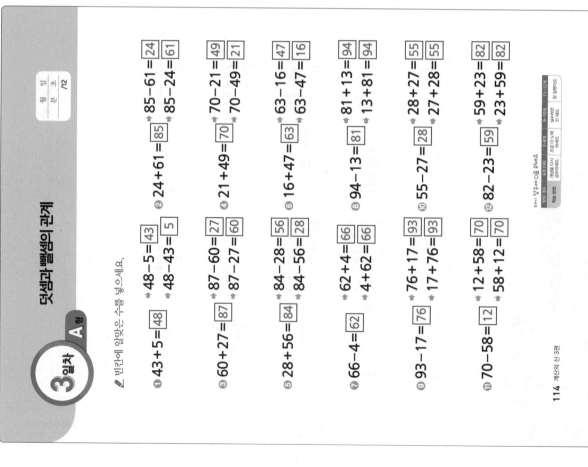

① 43+5=48 → 48−5=43, 48−43=5

② 24+61=85 → 85−61=24, 85−24=61

③ 60+27=87 → 87−60=27, 87−27=60

④ 21+49=70 → 70−21=49, 70−49=21

⑤ 28+56=84 → 84−28=56, 84−56=28

⑥ 16+47=63 → 63−16=47, 63−47=16

⑦ 66−4=62 → 62+4=66, 4+62=66

⑧ 94−13=81 → 81+13=94, 13+81=94

⑨ 93−17=76 → 76+17=93, 17+76=93

⑩ 55−27=28 → 28+27=55, 27+28=55

⑪ 70−58=12 → 12+58=70, 58+12=70

⑫ 82−23=59 → 59+23=82, 23+59=82

자기 점수에 ○표 하세요

맞힌 개수	6개 이하	7~8개	9~10개	11~12개
학습 방법	개념을 다시 공부하세요.	조금 더 노력하세요.	실수하면 안 돼요.	참 잘했어요.

3일차 B형 덧셈과 뺄셈의 관계

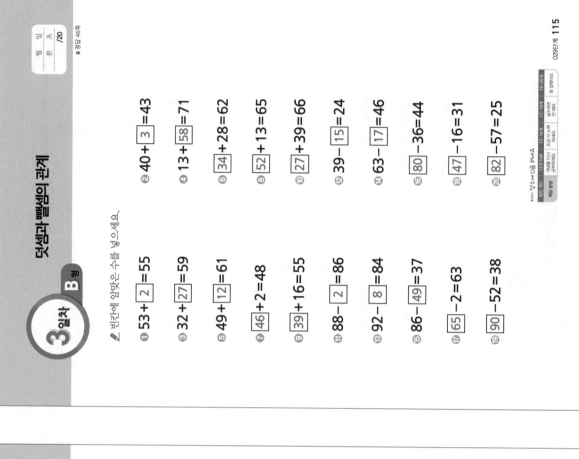

월 일 / 분 초 / /20

정답 46쪽

빈칸에 알맞은 수를 넣으세요.

① 53+2=55

② 40+3=43

③ 32+27=59

④ 13+58=71

⑤ 49+12=61

⑥ 34+28=62

⑦ 46+2=48

⑧ 52+13=65

⑨ 39+16=55

⑩ 27+39=66

⑪ 88−2=86

⑫ 39−15=24

⑬ 92−8=84

⑭ 63−17=46

⑮ 86−49=37

⑯ 80−36=44

⑰ 65−2=63

⑱ 47−16=31

⑲ 90−52=38

⑳ 82−57=25

자기 점수에 ○표 하세요

맞힌 개수	12개 이하	13~16개	17~18개	19~20개
학습 방법	개념을 다시 공부하세요.	조금 더 노력하세요.	실수하면 안 돼요.	참 잘했어요.

4일차 A형 덧셈과 뺄셈의 관계

월 일 / 분 초 / /12

빈칸에 알맞은 수를 넣으세요.

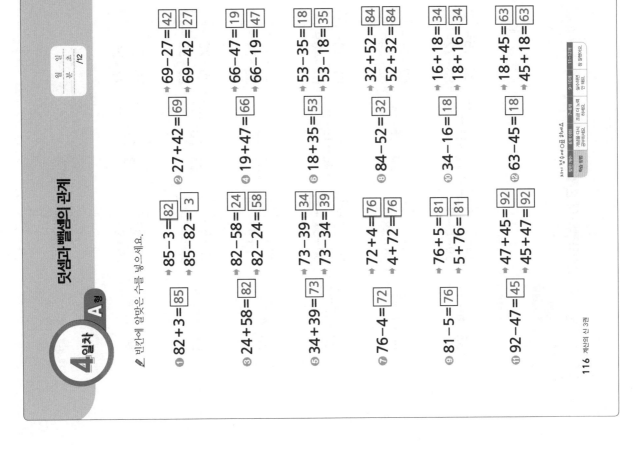

① 82+3=[85] → 85−3=[82], 85−82=[3]

② 27+42=[69] → 69−27=[42], 69−42=[27]

③ 24+58=[82] → 82−58=[24], 82−24=[58]

④ 19+47=[66] → 66−47=[19], 66−19=[47]

⑤ 34+39=[73] → 73−39=[34], 73−34=[39]

⑥ 18+35=[53] → 53−35=[18], 53−18=[35]

⑦ 76−4=[72] → 72+4=[76], 4+72=[76]

⑧ 84−52=[32] → 32+52=[84], 52+32=[84]

⑨ 81−5=[76] → 76+5=[81], 5+76=[81]

⑩ 34−16=[18] → 16+18=[34], 18+16=[34]

⑪ 92−47=[45] → 47+45=[92], 45+47=[92]

⑫ 63−45=[18] → 18+45=[63], 45+18=[63]

자기 점수에 ○표 하세요

맞힌 개수	6개 이하	7~8개	9~10개	11~12개
학습 방법	개념을 다시 공부하세요.	조금 더 노력하세요.	실수하면 안 돼요.	참 잘했어요.

116 계산의 신 3권

4일차 B형 덧셈과 뺄셈의 관계

월 일 / 분 초 / /20

정답 47쪽

빈칸에 알맞은 수를 넣으세요.

① 26+[3]=29

② 34+[12]=46

③ 29+[2]=31

④ 15+[76]=91

⑤ 37+[19]=56

⑥ 26+[34]=60

⑦ [52]+4=56

⑧ [35]+52=87

⑨ [47]+15=62

⑩ [67]+29=96

⑪ 99−[4]=95

⑫ 57−[46]=11

⑬ 81−[73]=8

⑭ 60−[14]=46

⑮ 94−[26]=68

⑯ [52]−33=19

⑰ [35]−21=14

⑱ [87]−23=64

⑲ [92]−35=57

⑳ [63]−37=26

자기 점수에 ○표 하세요

맞힌 개수	12개 이하	13~16개	17~18개	19~20개
학습 방법	개념을 다시 공부하세요.	조금 더 노력하세요.	실수하면 안 돼요.	참 잘했어요.

029단계 117

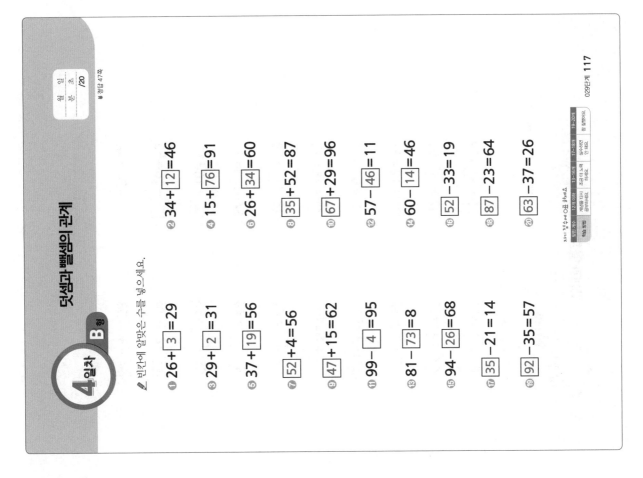

5일차 A형 덧셈과 뺄셈의 관계

월 일 분 초 /12

빈칸에 알맞은 수를 넣으세요.

① 33+6=[39] → 39−33=[6] → 39−6=[33]

② 72+16=[88] → 88−16=[72] → 88−72=[16]

③ 48+7=[55] → 55−7=[48] → 55−48=[7]

④ 24+38=[62] → 62−38=[24] → 62−24=[38]

⑤ 23+57=[80] → 80−23=[57] → 80−57=[23]

⑥ 48+19=[67] → 67−19=[48] → 67−48=[19]

⑦ 75−4=[71] → 4+71=[75] → 71+4=[75]

⑧ 54−33=[21] → 21+33=[54] → 33+21=[54]

⑨ 91−5=[86] → 86+5=[91] → 5+86=[91]

⑩ 63−28=[35] → 35+28=[63] → 28+35=[63]

⑪ 84−75=[9] → 9+75=[84] → 75+9=[84]

⑫ 53−27=[26] → 26+27=[53] → 27+26=[53]

자기 점수에 ○표 하세요.

맞힌 개수	6개 이하	7~8개	9~10개	11~12개
학습 방법	개념을 다시 공부하세요.	조금 더 노력 하세요.	실수하면 안 돼요.	참 잘했어요.

5일차 B형 덧셈과 뺄셈의 관계

월 일 분 초 /20

정답 48쪽

이번 단계에서는 덧셈과 뺄셈의 관계에 대해 배웠습니다. 덧셈을 뺄셈으로 바꾸어 생각하거나, 뺄셈을 덧셈으로 바꾸어 생각해 보았습니다. 다음 단계에서는 세 수의 혼합 계산에 대해 배웁니다.

빈칸에 알맞은 수를 넣으세요.

① 61+[5]=66

② 26+[53]=79

③ 48+[4]=52

④ 32+[59]=91

⑤ 27+[35]=62

⑥ [49]+12=61

⑦ [53]+3=56

⑧ [2]+62=64

⑨ [68]+2=70

⑩ [47]+26=73

⑪ 67−[5]=62

⑫ 44−[21]=23

⑬ 51−[2]=49

⑭ 34−[27]=7

⑮ 85−[29]=56

⑯ [32]−16=16

⑰ [63]−27=36

⑱ [71]−16=55

⑲ [94]−36=58

⑳ [82]−34=48

자기 점수에 ○표 하세요.

맞힌 개수	12개 이하	13~16개	17~18개	19~20개
학습 방법	개념을 다시 공부하세요.	조금 더 노력 하세요.	실수하면 안 돼요.	참 잘했어요.

세 단계 묶어 풀기 O27 ~ O29단계
덧셈과 뺄셈 종합/덧셈과 뺄셈의 관계

월 일 / 분 초 / /12

정답 49쪽

계산을 하세요.

① 94 + 83 = 177

② 33 − 29 = 4

③ 68 + 59 = 127

④ 86 − 59 = 27

⑤ 72−65 : 72 − 65 = 7

⑥ 92+48 : 92 + 48 = 140

⑦ 64−28 : 64 − 28 = 36

⑧ 85+69 : 85 + 69 = 154

빈칸에 알맞은 수를 넣으세요.

⑨ 36+47=36+[40]+7
=[76]+7
=[83]

⑩ 83−15=83−[13]−2
=[70]−2
=[68]

⑪ 58+24=[82] → 82−24=[58], → 82−58=[24]

⑫ 72−47=[25] → 47+25=[72], → 25+47=[72]

1일차 A형 세 수의 혼합 계산

월 일
분 초
/20

앞에서부터 차근차근
계산하면 돼!

계산을 하세요.

❶ 8+7+4= 19

❷ 16+3−8= 11

❸ 4+17+2= 23

❹ 40−17−9= 14

❺ 22+7+19= 48

❻ 14−8+25= 31

❼ 16+26+15= 57

❽ 61−27−19= 15

❾ 23−17+54= 60

❿ 25+61+16= 102

⓫ 96−38−23= 35

⓬ 51+19−7= 63

⓭ 47+46−18= 75

⓮ 21−19+38= 40

⓯ 82−39−15= 28

⓰ 76−28+39= 87

⓱ 33+48−29= 52

⓲ 93−59−18= 16

⓳ 62−39+74= 97

⓴ 25+69−36= 58

자기 점수에 ○표 하세요

맞힌 개수	12개 이하	13~16개	17~18개	19~20개
학습 방법	개념을 다시 공부하세요.	조금 더 노력하세요.	실수하면 안 돼요.	참 잘했어요.

1일차 B형 세 수의 혼합 계산

월 일
분 초
/12

순서대로 차근차근
계산해 봐!

정답 50쪽

계산을 하세요.

❶

	3	5
+		8
	4	3
+		9
	5	2

❷

	5	3
−		7
	4	6
−		8
	3	8

❸

	2	4
+	1	7
	4	1
+	3	6
	7	7

❹

	4	3
+	1	2
	5	5
+	3	7
	9	2

❺

	6	1
−	3	7
	2	4
−	1	1
	1	3

❻

	7	6
−	4	9
	2	7
+	2	5
	5	2

❼

	2	9
+		8
	3	7
+	5	1
	8	8

❽

	8	8
−	2	9
	5	9
−	3	0
	2	9

❾

	3	5
+	2	6
	6	1
−	4	7
	1	4

❿

	6	2
+	1	4
	7	6
+	2	3
	9	9

⓫

	7	5
−	3	8
	3	7
−	2	4
	1	3

⓬

	2	1
+	5	9
	8	0
−	3	7
	4	3

자기 점수에 ○표 하세요

맞힌 개수	6개 이하	7~8개	9~10개	11~12개
학습 방법	개념을 다시 공부하세요.	조금 더 노력하세요.	실수하면 안 돼요.	참 잘했어요.

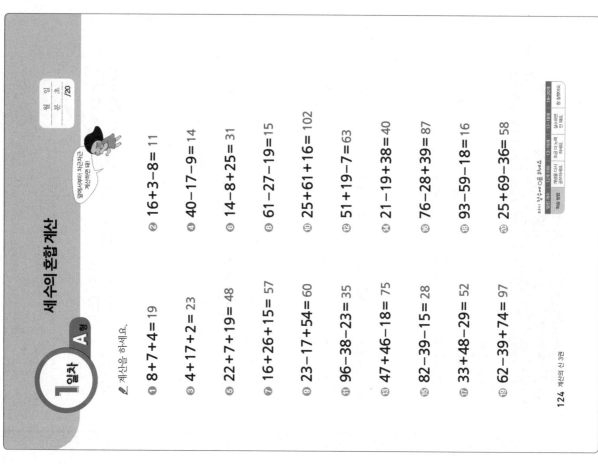

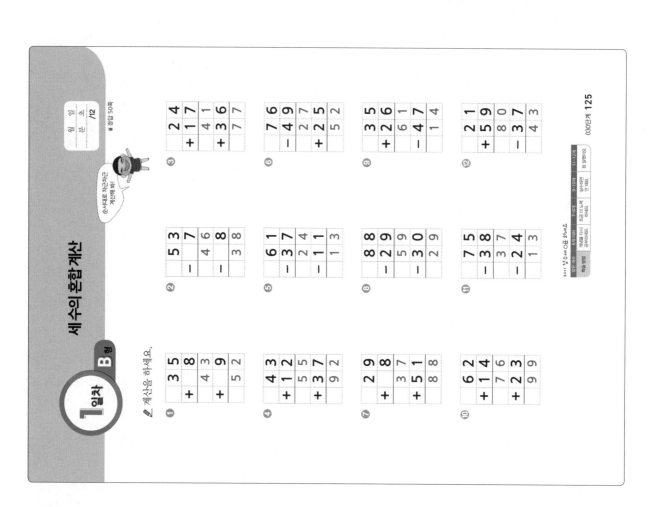

2일차 A형 세 수의 혼합 계산

월 일 / 분 초 / /20

계산을 하세요.

① 23+4+9= 36
② 26+16−7= 35
③ 60+27+14= 101
④ 47−7−19= 21
⑤ 26+31+28= 85
⑥ 44−9+31= 66
⑦ 17+28+39= 84
⑧ 96−29−57= 10
⑨ 88−47+59= 100
⑩ 65+27−16= 76
⑪ 76−31−29= 16
⑫ 55+36−49= 42
⑬ 21+38−15= 44
⑭ 28−15+56= 69
⑮ 93−28−48= 17
⑯ 41−17+62= 86
⑰ 19+35−47= 7
⑱ 87−49−19= 19
⑲ 72−61+40= 51
⑳ 29+69−53= 45

자기 점수에 ○표 하세요.

맞힌 개수	12개 이하	13~16개	17~18개	19~20개
학습 방법	개념을 다시 공부하세요.	조금 더 노력 하세요.	실수하면 안 돼요.	참 잘했어요.

2일차 B형 세 수의 혼합 계산

월 일 / 분 초 / /12

정답 51쪽

계산을 하세요.

① 37 + 11 = 48, 48 + 5 = 53
② 46 − 24 = 22, 22 − 8 = 14
③ 85 − 39 = 46, 46 + 14 = 60
④ 25 + 61 = 86, 86 − 13 = 73
⑤ 94 − 18 = 76, 76 − 32 = 44
⑥ 41 − 26 = 15, 15 + 54 = 69
⑦ 17 + 31 = 48, 48 + 29 = 77
⑧ 68 − 39 = 29, 29 − 15 = 14
⑨ 84 − 38 = 46, 46 − 21 = 25
⑩ 95 − 48 = 47, 47 + 26 = 73
⑪ 70 − 26 = 44, 44 + 17 = 61
⑫ 32 − 17 = 15, 15 + 74 = 89

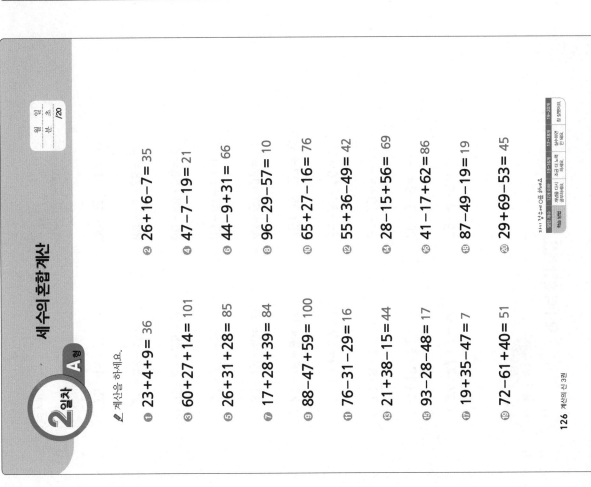

자기 점수에 ○표 하세요.

맞힌 개수	6개 이하	7~8개	9~10개	11~12개
학습 방법	개념을 다시 공부하세요.	조금 더 노력 하세요.	실수하면 안 돼요.	참 잘했어요.

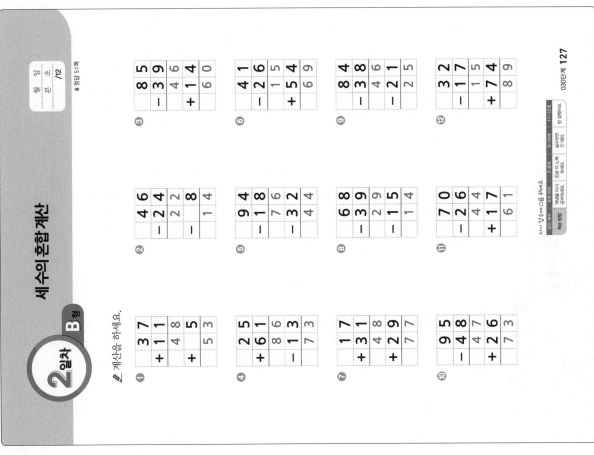

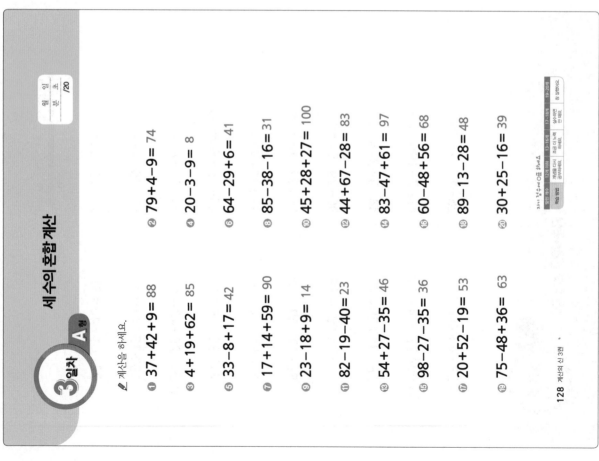

3일차 A형 세 수의 혼합 계산

월 일 / 분 초 / /20

계산을 하세요.

① 37+42+9= 88
② 79+4−9= 74
③ 4+19+62= 85
④ 20−3−9= 8
⑤ 33−8+17= 42
⑥ 64−29+6= 41
⑦ 17+14+59= 90
⑧ 85−38−16= 31
⑨ 23−18+9= 14
⑩ 45+28+27= 100
⑪ 82−19−40= 23
⑫ 44+67−28= 83
⑬ 54+27−35= 46
⑭ 83−47+61= 97
⑮ 98−27−35= 36
⑯ 60−48+56= 68
⑰ 20+52−19= 53
⑱ 89−13−28= 48
⑲ 75−48+36= 63
⑳ 30+25−16= 39

자기 점수에 ○표 하세요.

맞힌 개수	12개 이하	13~16개	17~18개	19~20개
학습 방법	개념을 다시 공부하세요.	조금 더 노력하세요.	실수하면 안 돼요.	참 잘했어요.

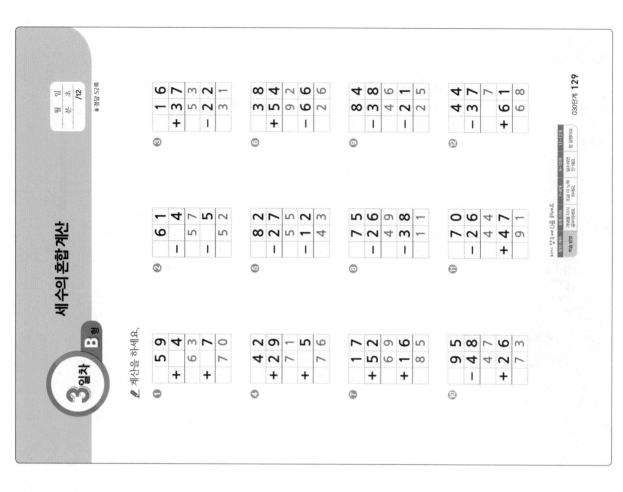

3일차 B형 세 수의 혼합 계산

월 일 / 분 초 / /12

정답 52쪽

계산을 하세요.

① 59 + 4 [63] + 7 [70]
② 61 − 4 [57] − 5 [52]
③ 16 + 37 [53] − 22 [31]
④ 42 + 29 [71] + 5 [76]
⑤ 82 − 27 [55] − 12 [43]
⑥ 38 + 54 [92] − 66 [26]
⑦ 17 + 52 [69] + 16 [85]
⑧ 75 − 26 [49] − 38 [11]
⑨ 84 − 38 [46] − 21 [25]
⑩ 95 − 48 [47] + 26 [73]
⑪ 70 − 26 [44] + 47 [91]
⑫ 44 − 37 [7] + 61 [68]

자기 점수에 ○표 하세요.

맞힌 개수	6개 이하	7~8개	9~10개	11~12개
학습 방법	개념을 다시 공부하세요.	조금 더 노력하세요.	실수하면 안 돼요.	참 잘했어요.

4일차 A형 세 수의 혼합 계산

월 일 / 분 초 / /20

계산을 하세요.

1. 60+7+4= 71
2. 25+9−6= 28
3. 17+36+19= 72
4. 48−3−7= 38
5. 28+47+18= 93
6. 15−6+49= 58
7. 32+37+24= 93
8. 81−33−19= 29
9. 30−13+45= 62
10. 23+27+38= 88
11. 76−27−15= 34
12. 74+26−81= 19
13. 24+26−5= 45
14. 91−37+13= 67
15. 78−19−36= 23
16. 36−28+56= 64
17. 20+64−49= 35
18. 60−27−15= 18
19. 95−48+27= 74
20. 57+31−64= 24

자기 점수에 ○표 하세요.

맞힌 개수	12개 이하	13~16개	17~18개	19~20개
학습 방법	개념을 다시 공부하세요.	조금 더 노력하세요.	실수하면 안 돼요.	참 잘했어요.

4일차 B형 세 수의 혼합 계산

월 일 / 분 초 / /12

정답 53쪽

계산을 하세요.

1. 17 + 15 = 32, 32 + 6 = 38
2. 39 − 7 = 32, 32 − 4 = 28
3. 51 + 24 = 75, 75 − 39 = 36
4. 75 − 38 = 37, 37 + 15 = 52
5. 90 − 19 = 71, 71 − 48 = 23
6. 63 + 28 = 91, 91 − 15 = 76
7. 23 + 49 = 72, 72 + 24 = 96
8. 73 − 35 = 38, 38 − 21 = 17
9. 54 + 19 = 73, 73 − 36 = 37
10. 55 + 15 = 70, 70 − 22 = 48
11. 98 − 64 = 34, 34 + 55 = 89
12. 73 − 57 = 16, 16 + 49 = 65

자기 점수에 ○표 하세요.

맞힌 개수	6개 이하	7~8개	9~10개	11~12개
학습 방법	개념을 다시 공부하세요.	조금 더 노력하세요.	실수하면 안 돼요.	참 잘했어요.

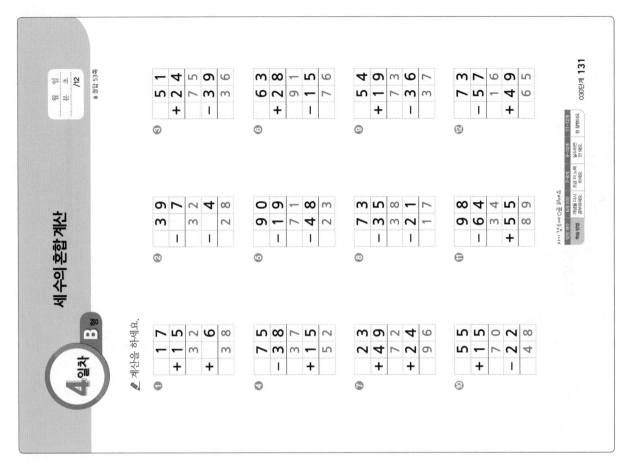

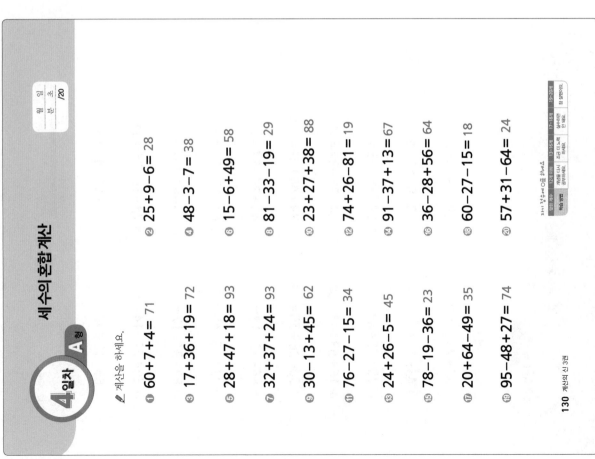

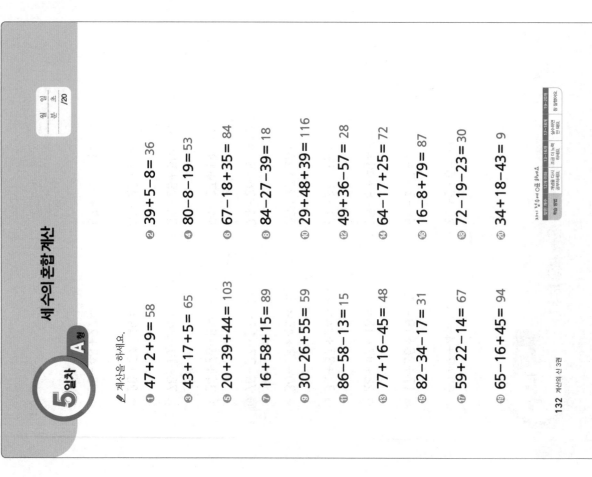

5일차 A형 세 수의 혼합 계산

월 일 / 분 초 / /20

계산을 하세요.

❶ 47+2+9= 58 ❷ 39+5−8= 36

❸ 43+17+5= 65 ❹ 80−8−19= 53

❺ 20+39+44= 103 ❻ 67−18+35= 84

❼ 16+58+15= 89 ❽ 84−27−39= 18

❾ 30−26+55= 59 ❿ 29+48+39= 116

⓫ 86−58−13= 15 ⓬ 49+36−57= 28

⓭ 77+16−45= 48 ⓮ 64−17+25= 72

⓯ 82−34−17= 31 ⓰ 16−8+79= 87

⓱ 59+22−14= 67 ⓲ 72−19−23= 30

⓳ 65−16+45= 94 ⓴ 34+18−43= 9

자기 점수에 ○표 하세요

맞힌 개수	12개 이하	13~16개	17~18개	19~20개
학습 방법	개념을 다시 공부하세요.	조금 더 노력하세요.	실수하면 안 돼요.	참 잘했어요.

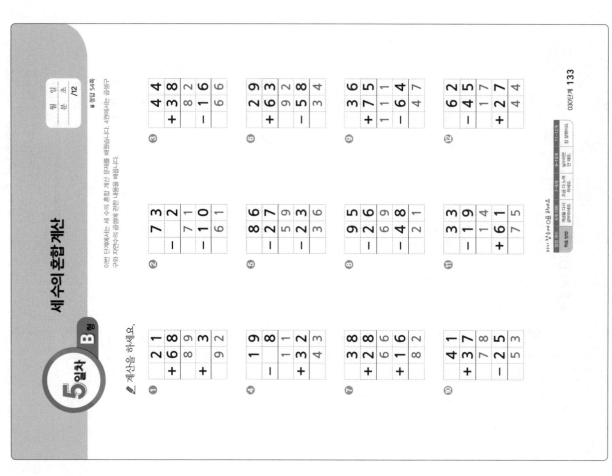

5일차 B형 세 수의 혼합 계산

월 일 / 분 초 / /12

정답 54쪽

이번 단계에서는 세 수의 혼합 계산 문제를 배웠습니다. 4권에서는 곱셈구구와 자연수의 곱셈에 관한 내용을 배웁니다.

계산을 하세요.

❶

	2	1
+	6	8
	8	9
+		3
	9	2

❷

	7	3
−		2
	7	1
−	1	0
	6	1

❸

	4	4
+	3	8
	8	2
−	1	6
	6	6

❹

	1	9
−		8
	1	1
+	3	2
	4	3

❺

	8	6
−	2	7
	5	9
−	2	3
	3	6

❻

	2	9
+	6	3
	9	2
−	5	8
	3	4

❼

	3	8
+	2	8
	6	6
+	1	6
	8	2

❽

	9	5
−	2	6
	6	9
−	4	8
	2	1

❾

	3	6
+	7	5
1	1	1
−	6	4
	4	7

❿

	4	1
+	3	7
	7	8
−	2	5
	5	3

⓫

	3	3
−	1	9
	1	4
+	6	1
	7	5

⓬

	6	2
−	4	5
	1	7
+	2	7
	4	4

자기 점수에 ○표 하세요

맞힌 개수	6개 이하	7~8개	9~10개	11~12개
학습 방법	개념을 다시 공부하세요.	조금 더 노력하세요.	실수하면 안 돼요.	참 잘했어요.

전체 묶어 풀기 021 ~ 030단계
자연수의 덧셈과 뺄셈 발전

월 일 / 분 초 / /16

정답 55쪽

계산을 하세요.

❶ $67 + 5 = 72$

❷ $46 + 82 = 128$

❸ $29 + 33 = 62$

❹ $78 + 32 = 110$

❺ $52 - 28 = 24$

❻ $63 - 16 = 47$

❼ $61 - 22 = 39$

❽ $80 - 24 = 56$

빈칸에 알맞은 수를 넣으세요.

⑨ 66+37=70+[37]−4
=[107]−4
=[103]

⑩ 94−56=94−[54]−2
=[40]−2
=[38]

⑪ 54+[27]=81

⑫ 72−[63]=9

계산을 하세요.

⑬ $23 + 39 = 62$, $62 + 19 = 81$

⑭ $41 + 37 = 78$, $78 - 25 = 53$

⑮ $33 - 19 = 14$, $14 + 51 = 65$

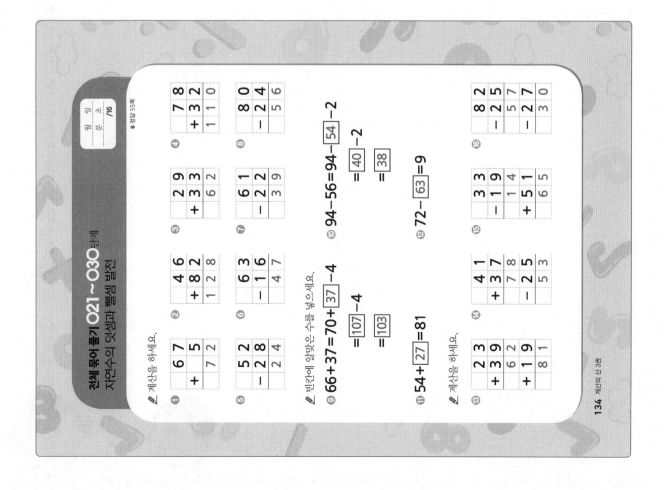

⑯ $82 - 25 = 57$, $57 - 27 = 30$

신(神)의 Note

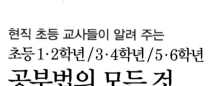